Walberto Ortiz Sevillano

# Apodos, Motes Y Sobrenombres en el Habla Tumaqueña

Walberto Ortiz Sevillano

# Apodos, Motes Y Sobrenombres en el Habla Tumaqueña

## Apodos, identidad y cultura

Editorial Académica Española

**Imprint**
Any brand names and product names mentioned in this book are subject to trademark, brand or patent protection and are trademarks or registered trademarks of their respective holders. The use of brand names, product names, common names, trade names, product descriptions etc. even without a particular marking in this work is in no way to be construed to mean that such names may be regarded as unrestricted in respect of trademark and brand protection legislation and could thus be used by anyone.

Cover image: www.ingimage.com

Publisher:
Editorial Académica Española
is a trademark of
Dodo Books Indian Ocean Ltd. and OmniScriptum S.R.L publishing group

120 High Road, East Finchley, London, N2 9ED, United Kingdom
Str. Armeneasca 28/1, office 1, Chisinau MD-2012, Republic of Moldova, Europe
Printed at: see last page
**ISBN: 978-613-9-40909-9**

JUSTO WALBERTO ORTIZ SEVILLANO

# APODOS, MOTES Y SOBRENOMBRES EN EL HABLA TUMAQUEÑA

## Apodos, identidad y cultura

# Foto cultural y folclórica multidiversa

*El Pacífico colombiano es uno de los territorios más amplios y con mayor biodiversidad de todo el país. Está habitado por afrodescendientes e indígenas de diversos grupos, pero cuenta con una educación poco o nada pertinente e inclusiva. Aquí, se pretende reflexionar sobre la importancia del trabajo etnoeducativo que parte del habla y de la tradición oral del para llegar al conocimiento de la cultura afropacífica desde la escuela básica, mostrando a importancia manifiesta del trabajo etnopedagógico endógeno para lograr cimentar la identidad étnica y cultural en los momentos iniciales de la vida académica.*

## PRESENTACIÓN

El presente trabajo aborda desde una perspectiva sociolingüística el estudio del apodo en el habla de gentes de distintas capas sociales que conviven en barrios pertenecientes a Comunas (estructura organizacional política del Municipio) y de diferentes niveles educativos de la ciudad de Tumaco. Nuestro interés se centra a su vez en aclarar por qué razón la gente de capas diversas implementan en la actualidad un "lenguaje marginal" o sub-estándar, con el cual tradicionalmente se ha caracterizado y se ha estigmatizado a otros que viven e interactúan en el mismo hábitat de la ciudad, sin importar que se esté o no inscritos en su capa social

.

Lo anterior, fundamentándonos en las expresiones y enunciados utilizados por estas personas del distinto estrato y en diversos espacios socio-discursivos. Así mismo, se analiza la naturaleza de sus nominalizaciones, las circunstancias y los ámbitos en los cuales se realiza, en ello encontramos que tales formas de nominalizar o apodar, motear y sobrenombretear, surgen en otro tipo de escenarios situacionales características de los sectores marginales de la ciudad de Tumaco.

En este trabajo se demuestra, con una base de datos obtenidos en los barrios de las cinco (5) Comunas escogidas, que el uso de para- lenguajes está cada vez más en boga, a la moda, en uso y en constante referencia, no sólo por las capas sociales más bajas sino también por capas sociales altas, cuyas expresiones o apodos en uso, se ha visto permeado cada vez más por formas de nominalizar, sobre nombrar y apodar desde un uso sub-estándar, cotidiano y casi marginal, por no decir total.

De igual manera, mostramos evidencias de las diferencias lingüísticas, en ello discursivas, que existen entre las personas en esas capas sociales a las que pertenecen a la hora de apodar. Esto, desde la observación de sus modos de vida, costumbres y rituales de discurso y acción. Cabe destacar que en la presente investigación se definen las diferentes posturas que se dan en cuanto a los modos de nombrar, sobre-nombrar, apodar y si se quiere, "ridiculizar al otro" con base en las actitudes lingüístico-marginales de la gente de la ciudad de Tumaco y sus usos repetitivos; todo ello como parte del discurso cotidiano coloquial y anecdocal que suelen utilizar en diferentes ámbitos de interacción discursiva.

En suma, se analizan los usos del "lenguaje sociolectal" o sub-estándar que se generan en el habla de personas de distintas edades, de Comunas y de capas sociales diferentes. Por último, presentamos el corpus lingüístico obtenido que, de manera explícita y a su vez interpretativa, revela los modos de nombrar a otro sujeto (par grupal, académico, social) usados por la gente en la actualidad. Al igual que presentamos desde el análisis y la interpretación las asociaciones, las recurrencias léxicas, morfológicas y semánticas que de allí se desprenden y que en lo cotidiano y en sus procesos de gestación de significado y sentido anecdocal, suelen usar.

*Nueva vista, otrora arco del Morro turístico*

# INTRODUCCIÓN

En Colombia, en especial a partir de la Fundación del Instituto Caro y Cuervo (1942), y más concretamente con la creación de su Departamento de Dialectología (1947), unido ello al interés y al trabajo asiduo, en muchos casos silencioso, pero eficaz, de investigadores nacionales e internacionales, los estudios lingüísticos han alcanzado un gran desarrollo e importantísimo lugar en el concierto académico hispánico y mundial.

Sin duda, hasta aquí, mucho se ha hecho y logrado. Se ha recorrido un buen trecho del camino, averiguando, recogiendo y analizando la realidad viva de nuestra lengua nacional en su contexto geográfico y sociocultural[12]. Esto nos permite asegurar con orgullo que Colombia es uno de los países hispanos que más ha estudiado la lengua que hoy hablan más de 400 millones de personas del mundo.

El aspecto más característico del habitante del pacífico es el dialecto, en el que sobresalen muchas especificidades desde los diferentes puntos de vista de la variación lingüística partiendo de las léxicos-semánticas hasta las morfosintácticas y fonético-fonológicas entre otras que se reflejan en el carácter netamente marginal, rodeada por selva y mar que se escapan cada vez más para mostrar el español hablado en el pacífico y se expresan desde allí para Colombia y el mundo. Las tradiciones orales afropacíficas son solamente un pretexto para mostrar el movimiento urbano- rural de la cultura afrocolombiana que se hacen ver y se sienten con cada uno de sus cambios endo y exógenos expresados a través de la tradición oral y su paso al texto escrito en prosa o en verso como un elemento importante de la presencia negra en la región que poco a poco se nacionaliza en Colombia e internacionaliza en el mundo entero.

Con la tradición oral afrocolombiana expresada en los poemas, en los versos, en los dichos, refranes y en las coplas recopiladas, en las adivinanzas en su momento hacen dar cuenta de que la cultura afrocolombiana es transportada de afro a afro e inclusive a otros grupos étnicos y además logra bañarlos y cubrirlos con el manto y la alegría estoica del día a día que caracteriza a la diáspora africana al interior de la diversidad nacional e internacional.

---

[1] Véase: Catálogo de publicaciones del Instituto Caro y Cuervo, 1997, y el fichero bibliográfico "José Joaquín Montes Giraldo" del Departamento de Dialectología del ICC.

Con la tradición oral se baila y se comunica más. Este reflejo muestra como la relación tríadica entre tradición oral afrocolombiana (elemento fundamental del habla), memoria y conocimiento ancestral aparecen y desaparecen en la comunicación espontanea de los pacificenses para mostrar cómo a pesar de los situaciones difíciles conocidas por todos aún persisten las expresiones identitarias afrocolombianas y se pasa por encima del muro de la lamentaciones para convertirse en portadores de muchas alegrías que relajan el alma y hacen descansar los espíritus. También, madre de los dichos y refranes, portadora de mitos y leyenda, elaboradora de versos y coplas, constructora de décimas tanto a lo divino y humano, depositaria de la memoria colectiva de la región pacífica es la moldeadora de las conductas infantiles y juveniles de mucho de nosotros. Ella, permite que se enseñe y se aprenda, se recrea y se juega con las rondas y las adivinanzas. Además, de comprender desde lo afrocolombiano el mundo.

# JUSTIFICACIÓN

El presente trabajo aborda desde una perspectiva sociolingüística el estudio del apodo, mote o sobrenombre en el habla de distintas capas sociales asentadas en las cinco comunas, de diferentes estratos socio-económicos de Tumaco, puerto sobre el Pacífico colombiano. Nuestro interés se centra a su vez en aclarar por qué razón los jóvenes de capas sociales altas implementan en la actualidad un "lenguaje marginal" o sub-estándar, con el cual tradicionalmente se ha caracterizado y se ha estigmatizado a otro sector de los jóvenes de la ciudad, inscritos en capas sociales bajas.

Lo anterior, fundamentándonos en los diferentes neologismos, expresiones y enunciados utilizados por los jóvenes de estrato alto en diversos espacios socio-discursivos. Así mismo, se analiza la naturaleza de sus nominalizaciones y los ámbitos en los cuales se realiza, en ello encontramos que tales formas de nominalizar o apodar, surgen en otro tipo de circunstancias situacionales características de los sectores periféricos, vulnerables de Tumaco.

En este trabajo se demuestra, con una base de datos obtenidos en la comunidad que se ha escogido, que el uso de anti lenguajes está cada vez más en boga, a la moda, en uso y en constante referencia, no sólo por las capas sociales más bajas sino también por capas sociales altas, cuyo lenguaje en uso, se ha visto permeado cada vez más por formas de nominalizar, sobre nombrar y apodar desde un uso sub-estándar, cotidiano y casi marginal, por no decir total. De igual manera, mostramos evidencias de las diferencias lingüísticas, en ello discursivas, que existen entre las personas adultas, jóvenes, inclusive ancianos en las diversas capas sociales a las que pertenecen a la hora de apodar. Esto, desde la observación de sus modos de vida, costumbres y rituales de discurso y acción. Cabe destacar que en la presente investigación se definen las diferentes posturas que se dan en cuanto a los modos de nombrar, sobre-nombrar, apodar y si se quiere, "ridiculizar al otro" con base en las actitudes lingüístico-marginales de los jóvenes de las comunas de Tumaco y sus usos repetitivos; todo ello como parte del discurso cotidiano comunitario, que suelen utilizar en diferentes ámbitos de interacción discursiva.

En suma, se analizan los usos del lenguaje de la periferia y de barrio subnormales o sub-estándar que se generan en el habla de personas de distintas edades, promedio de un mismo género (masculino-femenino), pero de capas sociales diferentes, habitantes de. Por último, presentamos el corpus lingüístico obtenido que, de manera explícita y a su vez interpretativa, revela los modos de nombrar a otro sujeto (par grupal, académico, social) usados por las personas en la actualidad. Al igual que presentamos desde el análisis y la interpretación las asociaciones, las recurrencias léxicas, morfológicas y semánticas que de allí se desprenden y que en lo cotidiano y en sus procesos de gestación de significado y sentido geobarrial lingüístico, suelen usar.

**Apuntes Preliminares.**

El presente estudio investigativo se inscribe en la sociolingüística como disciplina interdisciplinar orientada hacia los fenómenos socio-lingüísticos del habla y su presencia y/o recurrencia en las comunidades lingüísticas en las que se presenta. En su desarrollo se muestra, desde el análisis del habla en la comunidad tumaqueña, la manera cómo acuden a ciertas formas de enunciación peyorativa para destacar las características físicas, mentales, espirituales, psíquicas o morales de las personas, grupos de amigos, pares académicos, etc.; en especial, de su mismo rango de edad, los cuales comparten espacios discursivos y representaciones sociales similares del mundo de la vida que los construye.

En este sentido, con el ánimo de develar este fenómeno propio del habla de las comunidades asentadas en los barrios que pertenecen a las 5 comunas de Tumaco, se parte de una serie de muestras que se han recolectado en la comunidad lingüística escogida, la cual muestra los usos discursivos cotidianos en las diversas conversaciones en las que se comprometen. Dichas muestras han sido tomadas en las diferentes capas socio-económicas de la ciudad y a su vez constituyen el resultado de la participación propia en un proceso de identidad y arraigo que implica la cercanía con los sujetos objeto de estudio. Lo cual significa que la presente investigación al tratarse de un acercamiento a algo tan próximo a nuestra realidad lingüístico-discursiva, posibilita una perspectiva cercana y fiel sobre el fenómeno sociolingüístico del apodo que asumen hoy en día los jóvenes en la ciudad.

El "corpus" de este trabajo, como se ha señalado, ha sido recolectado a lo largo de dos años del año dos mil ocho (2012-2014) del cual - hay que decir inicialmente- contiene elementos que fácilmente pueden ser proclives a ser vistos como un acto de habla ridiculizador: sin que específicamente sea el acto de habla ridiculizar, pues cabe recordar que las muestras aquí mencionadas son parte de diversos actos de habla y no de uno en especial. El usuario del apodo, el "mote", "sobrenombre" lo emplea normalmente con sus compañeros, amigos y familiares, mas es también recurrente el uso con desconocidos, aunque esto último es cada vez menos común, debido en gran parte a las distancias que toman los distintos estratos socio-económicos muy a pesar de estar inscritos en las dinámicas sociales y democráticas en pleno siglo XXI, donde la aparente igualdad no es más que un desafío esperanzador.

De igual forma, se vislumbra una muy fuerte influencia de los denominados *"lenguajes marginales"*, que no sólo son utilizados en su gran mayoría por los sujetos pertenecientes a las capas sociales más bajas de la ciudad: al parecer estos lenguajes están impregnando cada vez más a los jóvenes de las capas sociales medias, y a su vez, a los hablantes de las capas sociales altas, quienes están recurriendo a este tipo de habla, de recursividad en los eventos intercomunicativos. No es muy clara la causa, podría indicarse que esto sucede por imitación del entorno, por la cercanía entre jóvenes pertenecientes a capas sociales polares, o sólo por asumirse como una moda social o tendencia hacia la utilización de términos peyorativos que pueden convertirse en ofensivos de acuerdo con la situación y el ambiente en el que se manifiesten.


Es esta la fuerza que motiva el presente estudio de caso con el ánimo de mostrar el cómo y por qué las capas sociales altas utilizan discursos marginales en ciertas ocasiones ya sea por estímulos que desencadenan efusividad, ridiculización o enojo en sus realizaciones lingüísticas cotidianas.

De allí que sea muy complejo establecer el origen del uso del apodo en la lengua española debido en primera instancia a lo heterogéneo del Español, que incorpora en su haber multitud de lenguas nativas de América en su trasegar de más de tres siglos, pues las lenguas vernáculas así como la cultura que trasmitían se conservaron en algunos componentes lingüísticos como el lexical, adaptándose a la idiosincrasia española y brotando esporádicamente en las actuaciones más sinceras (casi inconscientes) que dejan al descubierto una potencialidad filogenética del apodo.

En todo caso, podría decirse que es propio en Latinoamérica que el apodo sirva como puente que une las distintas *otredades* en la interacción social. Lo que es heredad de una división clasista de la sociedad; actualmente el poder económico en las familias es lo que parece determinar el curso de las relaciones sociales que, sin caer en un juicio maniqueo del uso del apodo, puede trascender en la forma en la que tomamos conciencia de nuestra posición en la comunidad de habla, en la sociedad y en el mundo.

Los apodos, motes o sobrenombres, a grandes rasgos, son formas de enunciar al otro sujeto. Es Tumaco, municipio del departamento Nariño  de Colombia, en donde hemos podemos llamar, desde las dinámicas del habla de la gente de los barrios que viven en las comunas, como: "la clasificación de lo nombrado"2, pues las percepciones de los entornos discursivos hacen ver que existen ya en nuestro contexto tumaqueño,  tres tipos o formas de nombrar a alguien: la primera tiene que ver con lo que es *"el apodo"* *(como ese nombre que se le da a un sujeto por su parecido o igualdad visual con lo referido o enunciado como apodo)*, la segunda es el *"sobre nombrar"*, (asumido como esa manera de denominar en lo que existe un sentido peyorativo), lo cual depende del emisor, sus habilidades y sus dotes de creador a la hora de ridiculizar al otro sujeto, pero no existe en todos los casos del sobrenombre el deseo de agredir al otro, más bien, lo que se busca es interpelar de forma brusca, liberando quizá tensiones para producir un efecto inmediato y de cercanía con el interlocutor.

Asimismo, es la forma con la cual nos referimos a los personajes violentos de nuestra sociedad, en nuestro caso en el entorno tumaqueños: "el alias" que asume como ese re-nombramiento que se merece el sujeto, el individuo o el joven por sus características violentas, delictivas y, en el mejor de los casos, por las asociaciones que en los discursos juveniles se gestan sin corresponderse con la realidad delincuencial o punible.

Es apenas lógico pensar que nuestra ciudad se ha convertido en un espacio discursivo juvenil que muestra marcas lingüísticas que suelen manifestarse al momento de la enunciación en los diversos ámbitos citadinos y juveniles. Dentro de los distintos actos de habla que componen un evento comunicativo en la conversación espontánea, la cotidianidad juvenil siempre está expuesta al uso de las variables de la lengua que en su naturaleza social se despliegan. Es lo que sin duda también nos motiva a realizar el presente estudio desde una perspectiva sincrónica y así explicar los fenómenos sociolingüísticos de la transformación de la actuación lingüística que hoy el habla de la comunidad tumaqueña experimenta.

Por tanto, se entiende que la población, objeto de la investigación, en sus rituales comunicativos y discursivos suele enfatizar en las diferencias y características psicológicas o físicas de cada sujeto (académico, grupal o social), siendo entonces esta comunidad, sujetos discursivos que tienden a clasificar, especificar, determinar o en últimas ridiculizar a los demás miembros de su comunidad juvenil, grupal o sub-cultural. Esto, en la medida en que el joven tiende a enmarcar a los otros dependiendo de sus características físicas, psicológicas o sus cosmovisiones.

**En suma, es** Dar cuenta, a partir de un estudio, de la universalidad de los apodos, motes o sobrenombres y de la pervivencia de los mismos en las sociedades afrodescendientes barriales organizados en Comunas, así como de su uso cotidiano como elementos identificadores y de nexo convivencial. Describir desde el punto de vista comunicativo, expresivo y creativo el rico patrimonio inmaterial de las sociedades afrodescendientes manifiesto en los apodos. Construir un corpus con base al registro hechos en los barrios comunales de Tumaco.


## MARCO TEÓRICO CONCEPTUAL

En vista de que este trabajo se refiere a un componente de la lengua, como lo es el léxico del adolescente venezolano, se hace necesario dividir el marco teórico en dos aspectos fundamentales. En primer lugar, se analizarán algunas definiciones de léxico y el papel que a éste se le ha asignado dentro de los estudios lingüísticos. Asimismo, se hablará brevemente de algunas características del léxico del adolescente. En segundo lugar, se hará referencia a los procedimientos de formación de palabras y a los aspectos teóricos relevantes, relacionados con este tema que han sido tratados por diferentes lingüistas. Entre los mecanismos usados en la formación de palabras se insiste fundamentalmente en la composición nominal. De igual manera, se hará alusión a la importancia del contexto en la producción de los apodos.

El estudio del léxico ha sido motivo de interés para diferentes especialistas, quienes lo han analizado desde distintas perspectivas. Este hecho ha originado discusiones, tal como se evidencia en la extensa bibliografía sobre este tema. Así por ejemplo los semanticistas enfocan el problema desde el punto de vista del significado y de la estructuración del léxico en campos semánticos. Por otra parte, otros lingüistas lo estudian a partir de los fenómenos gramaticales. Sin embargo, tanto unos como otros coinciden en la importancia social y cultural que este componente posee, tal como afirma Sapir (1974): "el vocabulario de un idioma es el que más claramente refleja el medio físico y social de sus hablantes" (p.21). Estas ideas se retomarán más adelante.

A continuación, se considera necesario en primer lugar presentar varios conceptos de léxico que nos permitirán ubicarnos en el problema que se desarrollará en este trabajo. Según el Diccionario de la R.A.E (1984) el léxico es: "vocabulario, conjunto de las palabras de un idioma, o de las que pertenecen a una región, a una actividad determinada o un campo semántico dado" (p.28). Por otra parte, Seco (1999) considera que el léxico es un conjunto de palabras propias de una región, de una actividad, de un grupo humano, de una obra, o de una persona determinados" (p.2823). Para Mounin (1979) el léxico es un conjunto de las unidades significativas de una lengua, en un momento dado de su historia. Entre estos autores hay grandes coincidencias, sólo se observa que Seco, agrega la posibilidad de hablar del léxico de una obra como Canaima, Doña Bárbara y de una persona determinada (léxico de una persona célebre, por ejemplo, Arturo Uslar Pietri). Mounin, por su parte destaca la importancia de los cambios históricos que son inherentes al léxico de una región. Compartimos todo lo señalado anteriormente. Es evidente, que dentro del español se puede hablar con propiedad del léxico del español que se habla en Venezuela, o bien del léxico de la región andina, así como también de una actividad específica, como es el habla de los médicos, de los ingenieros, de los arquitectos.

También hay que destacar los cambios que se producen en el léxico desde el punto de vista generacional, un ejemplo de ello, es la diferencia entre el léxico de los adultos y de los adolescentes. Sobre el léxico de este último grupo etario versa este trabajo.

Después de revisar estos conceptos de léxico se hace necesario reseñar algunos enfoques lingüísticos que han dado cuenta sobre este componente de la lengua. Martinet (1969) dice que aunque los lingüistas estructuralistas han insistido sobre el carácter sistemático de las lenguas, muchos de ellos niegan totalmente dicho carácter al léxico. En el caso de los norteamericanos, por lo menos, la lexicografía, vivía apartada de las teorías estructuralistas. En la actualidad, por el contrario, se pretende construir una lexicología estructural, es decir, un estudio teórico del léxico, atribuyéndole un carácter estructurado. Para Martinet (1969), el léxico al igual que la gramática, trata de las unidades de la primera articulación o monemas. Se podrían llamar léxicos todos los monemas que figuran como artículos independientes en los diccionarios corrientes, es decir, lo que corrientemente llamamos palabras, incluidas unidades tales como las preposiciones y las conjunciones. Pero, en lingüística, para no disociar elementos de función análoga, como las preposiciones y las desinencias, se oponen las unidades léxicas y las unidades gramaticales. Las unidades léxicas se consideran generalmente pertenecientes a inventarios ilimitados o abiertos, mientras que las unidades gramaticales pertenecen a inventarios limitados cerrados.

La lexicología tradicional estudiaba las palabras en un aislamiento teórico, los intentos recientes de lexicología y de semántica estructural no se limitan a estudiar los campos léxicos, sino que intentan también determinar las latitudes de combinación semántica de las unidades léxicas en la oración.

Para Martinet (1969) la lexicología forma parte de la lingüística, si pretende dar cuenta de las reacciones verbales de los interlocutores que se comunican entre sí. Aunque sus métodos no siempre han sido lingüísticos ello se debe al hecho de que el léxico es el nivel de la lengua que emerge más fácilmente a la conciencia de los hablantes, por estar en relación directa con la significación y por ir estrechamente unido a la evolución cultural.

Hockett (1976), ubicado dentro de la corriente estructuralista, considera que describir una lengua significa, analizar lo que él llama el núcleo gramatical, ya que éste constituye el esquema formal de dicha lengua, el cual es adquirido por los hablantes desde muy temprano y una vez adquirido se mantiene inalterable a través del tiempo. De tal manera, que sólo cambiará el componente léxico que se encarga mediante las palabras de llenar la parte final de este esquema. Es decir, colocar los nombres que corresponden al sintagma nominal (SN), al sintagma verbal (SV), al sustantivo (S), al verbo (V), al adjetivo (Adj). Mientras son pocos los cambios que se dan en el núcleo gramatical, no sucede lo mismo con el léxico, que se adapta a las necesidades expresivas de los hablantes, a los adelantos tecnológicos, a los cambios sociales y los cambios generacionales.

Por su parte, Mounin (1979) al referirse a la Gramática Generativa señala que el léxico es un subcomponente que, junto con el subcomponente categorial constituye la base del componente sintáctico. Consiste en una lista no ordenada de unidades léxicas y comprende también cierta cantidad de reglas de redundancia. Las unidades léxicas están asociadas con transformaciones por sustitución que insertan tales unidades en posiciones marcadas por la ocurrencia de símbolos complejos dentro de las cadenas generadas por el componente categorial de la gramática.

Abraham (1981) sobre este mismo aspecto, considera que el léxico registra, en principio, todas las unidades léxicas de una lengua y asocia con ellas la información sintáctica, semántica y fonológica exigida para que funcionen correctamente las reglas de estructuras de frases. (p.125).

Estas ideas ponen de manifiesto que tanto para los autores generativistas como para los estructuralistas, el léxico forma parte de la gramática de una lengua. No obstante, es necesario destacar que los autores citados coinciden con Martinet, en que el estudio del léxico pertenece a la lingüística, tal como se ha señalado.

Desde otro punto de vista Lamíquiz (1975) al estudiar el componente semántico de la lengua, considera factible clasificarlo en tres órdenes: la semántica lógica, que desarrolla una serie de problemas lógicos de significación, estudia la relación entre el signo lingüístico y la realidad, las condiciones necesarias para que un signo pueda aplicarse a un objeto, y las reglas que aseguren una exacta significación. La semántica psicológica, que intenta explicar por qué hablamos, qué ocurre en el espíritu del hablante, y en el espíritu del oyente, cuando nos comunicamos, cuál es el mecanismo psíquico que se establece entre el hablante y el oyente. Y en tercer orden tenemos la semántica lingüística, que se ocupa del significado dentro del sistema de comunicación y describe su funcionamiento. Aquí es necesario detenerse un poco para precisar conceptual y terminológicamente sus componentes. Se entiende como perteneciente a este campo la significación, todo lo lingüístico que se refiere al estudio de la semántica y de la lexicología. Es decir, estos términos: semántica y lexicología están estrechamente relacionados.

En la semántica, la unidad lexicológica o lexema y la unidad de significación o semantema, tienen diferencias, pero a través de un ejemplo nos referiremos a las relaciones lingüísticas entre ambas unidades de diferente enfoque, las cuales interrelacionadas conforman el semantema o unidad de significación. Veamos el siguiente ejemplo, la forma **guarapa**, que encontramos en negritas, en el Diccionario del Habla Actual de Venezuela (1994), se localiza alfabéticamente en la letra **G**, es el lexema, forma que estudia la lexicología. Su definición completa, que encontramos en el mencionado diccionario es: 1) Jugo de la caña de azúcar. 2) Bebida refrescante preparada con jugo de frutas, especialmente limón o piña, mucha agua y papelón. Esta definición, es el semema que se estudia en el funcionamiento semántico. La ficha completa del término, es decir, su forma lexicológica o lexema y la función semántica o semema, en conjunto, interrelacionado constituye el semantema. Es decir que para Lamíquiz, el léxico está vinculado estrechamente a la semántica. Ante la polémica histórica sobre si el estudio del léxico corresponde a la lingüística o a la lexicografía, en este trabajo se asume que el léxico puede estudiarse desde diferentes perspectivas, pero sin dejar, de lado, los niveles morfosintácticos de la lengua, así como también las estrategias pragmáticas utilizadas por los hablantes.

## El apodo: un acto de habla motivado

¿Sabe Ud. qué es un apodo? ¿Ha sufrido la angustia de tener un apodo? ¿Sabe cómo le dicen sus amigos? ¿Le gusta? ¿Lo ofende? ¿Lo hace infeliz? Son muchas las preguntas que nos podríamos hacer acerca de este fenómeno lingüístico sociolectal.

El apodo según LOZANO RAMÍREZ, (1999) "es un acto de creación o de recreación lingüística motivado, muy expresivo, mediante el cual el sujeto apodador da un nuevo nombre a sus semejantes, según las características que evocan en la mente de aquél la imagen de un objeto, cosa, sujeto o circunstancia y que identifican al personaje que recibe este nuevo nombre". La constante necesidad que tiene el hablante de designar las realidades, lleva al usuario de la lengua a despertar en su memoria (cerebro), imágenes que están prestas para ser activadas, permitiendo la creación de este signo lingüístico. Existe en el hablante una inmensa capacidad asociativa que trabaja como una máquina en pos de la nominación, ej: Correlón, Piangua, Cautiza, Caballo, Donsega.

Seguramente, nadie se escapa de tener un apodo. Ellos no surgen de la nada; siempre tienen una motivación y ésta es la razón que lleva al apodador a descargar en los otros la fuerza emocional que despiertan las características de los sujetos por razones diversas: cariño, amor, odio, ira, maldad, jocosidad, emoción, tristeza, envidia, amistad, enemistad, etc.

Desde la antigüedad hasta hoy los hombres han tenido apodos. Éste no es un fenómeno nuevo. Lo nuevo para la creación lingüística son las características, circunstancias, condiciones socioculturales e intenciones de los hombres en las distintas épocas.

Así pues, el apodo como fenómeno lingüístico motivado, está siempre teñido de la coloración emotiva, festiva, humorística, sarcástica o grosera que le imprime el hablante creador o recreador del signo. Los apodos o motes son vocablos que constituyen una unidad de discurso altamente económico desde la perspectiva lingüística. Sintetiza una gran cantidad de información, de intenciones comunicativas y de actitudes convivenciales que son comprendidas, sobre todo, por los usuarios frecuentes de los mismos, como es el caso de las personas del ámbito rural que mantienen relaciones de convivencia muy estrecha. Ellas son las más capaces de descodificar con precisión el significado, los sentidos y las intenciones de estos apelativos según la situación comunicativa, el contexto y otras variantes pragmáticas, además de las puramente semánticas y prosódicas. Estos apelativos son, junto a otros de carácter similar, discursos sintéticos hermanados bajo el hiperónimo de sobrenombres.

### *Importancia del contexto*

En párrafos anteriores, se trató la importancia del contexto en la creación del léxico y se hizo notar cómo a través de este componente de la lengua, se podía apreciar no sólo los fenómenos lingüísticos, sino también fenómenos socioculturales, psicológicos presentes ya en individuos, ya en grupos sociales. Asimismo, se insistió en la importancia del acto comunicativo en la formación de palabras.

Es necesario destacar que todo enunciado verbal o escrito se origina a partir de tres tipos de contextos: el psicológico, social y situacional. El primero se refiere a la relación que pueda existir entre los participantes del evento comunicativo. Tiene que ver con el hecho de que los enunciados verbales se adecúen a las acciones implícitas en los mismos: un ruego, una orden, conllevan, por ejemplo, la necesidad de una relación determinada entre hablante y oyente. El contexto psicológico está íntimamente relacionado con el conocimiento compartido entre el hablante y el oyente. Este contexto se relaciona con la serie de suposiciones que el emisor intuye acerca del receptor. El contexto social es muy complejo, tiene que ver con el comportamiento social en diversas circunstancias culturales, tal como se ha señalado: costumbres, tradiciones, historia. Hoy en día, el contexto social se ve fuertemente influenciado, por el papel que ejercen los medios de comunicación: periódicos, radio, televisión, publicidad, internet.

Actualmente son, quizás, las fuerzas más poderosas que permean en el uso de la lengua. Esto queda evidenciado en el corpus recogido en este trabajo, pues muchos de los apodos son tomados de los medios de comunicación.

El contexto situacional incluye en este caso a todos aquellos aspectos exteriores al entorno que rodea el acto comunicativo que puede de cualquier manera incidir en los mecanismos para su producción y comprensión. Es decir, elementos tales como: el ambiente físico, ceremonial, formal, el humor, la alegría, la familiaridad, contribuyen a hacer posible que un acto comunicativo cumpla con el cometido propuesto por el emisor.

El concepto de contexto es esencial para todos los estudios lingüísticos que se plantearán desde una perspectiva pragmática o discurso-textual. Precisamente, el aspecto que con más claridad define ese tipo de estudios y, al mismo tiempo los distingue de los que se realizan desde un punto de vista estrictamente gramatical, consiste en que aquellos incorporan los datos contextuales en la descripción lingüística. Halliday (1983) habla acerca del entorno textual o contexto, es decir los enunciados que rodean a aquello que se está considerando para el análisis ya que el significado concreto que adquieren las palabras, los enunciados y los discursos depende en gran medida, de lo que se ha dicho antes y de lo que viene después.

La creación y el reconocimiento de los factores contextuales son los aspectos fundamentales en la comunicación humana. El contexto es algo dinámico y quienes participan en un intercambio comunicativo tienen que ir construyendo, creando, cambiando e interpretando. En ese proceso pueden ocurrir ciertos elementos como el entorno físico y cultural y ciertas normas o tendencias de comportamiento colectivo interiorizadas cognitivamente en forma de marcos o guiones. No obstante, son las personas a través de las actividades que llevan a cabo, quienes actualizan esos factores convirtiéndolos en una parte significativa de lo que está sucediendo. Así pues, en este estudio, son los adolescentes con su léxico quienes constantemente están renovando su forma de hablar, a través de la actualización de diferentes contextos sociales y psicológicos.

### Entonces ¿Qué son los apodos?

La definición del diccionario de la R.A.E. (1984), señala, por una parte, que: es un nombre que suele darse a una persona, tomado de sus defectos corporales o de alguna otra circunstancia, y por la otra, es un chiste o dicho gracioso con que se califica a una persona o cosa, sirviéndole ordinariamente de una ingeniosa comparación. Esta definición se adapta a los resultados encontrados en el corpus de este trabajo, tal como se demostrará posteriormente. En este mismo orden de ideas, Ledezma y Obregón (1989), afirman que la creación de apodos por parte de los adolescentes es un mecanismo significativo en la producción de humor. Sostienen que los recursos lingüísticos usados en la creación de apodos son variados, en algunos casos el proceso es sencillo, pues se trata de identificar una característica física con algún aspecto de la realidad. Esta puede referirse a animales o también a plantas como por ejemplo **gorilón** (parecido a un gorila), **taparón** (parecido a una tapara), en ambos casos el sufijo **–ón** , le da un matiz enfático y humorístico. Otros, contrariamente, son complejos en su estructuración pues, en algunos casos juega un papel muy importante la composición nominal, por ejemplo: **zancadilla,** que es la fusión de zancudo con ladilla y que se refiere a una persona muy fastidiosa. En la referida investigación Ledezma y Obregón (1989), analizan sólo una pequeña muestra del corpus recogido en entrevistas realizadas a estudiantes con edades comprendidas entre los 14 y 16 años. Los investigadores seleccionaron aquellos apodos en cuya formación se manifiestan procesos complejos que evidencian la creatividad del adolescente. Ese trabajo constituye un antecedente a la investigación que se realiza, pues se profundiza en esos procesos complejos de formación de apodos por parte del adolescente venezolano.

El hablante para su creación utiliza en el proceso de nominación los recursos propios de la lengua. Así, el apodador tiene dos caminos para la elaboración de su acto de habla. Uno morfológico y otro semántico. Desde la morfología se crean apodos: 1. por derivación (diminutivos: Benitín, Cebollita; aumentativos: Carietón, Lagrimón; despectivos: Viejorro, Bojote, Pecueco; superlativos: Blanquísimo, Tontorrísimo). 2. por composición (Camaralenta, Cristoviejo). 3. por trasplantación (simpson, Barbie, Brownie, Batman). Desde el punto de vista semántico se crean por metáfora, metonimia, sinécdoque; el sujeto se asocia con animales, plantas, frutas, objetos, productos, actividades, instrumentos de trabajo, profesiones u oficios, vida religiosa, cuerpo humano, defectos, virtudes, etc.*

Los apodos se dan en todas las clases sociales. En el alta, los hay abundantes, lo mismo que en la media y en la baja. De acuerdo con estos niveles de lengua se encuentran apodos que van desde los más originales, nobles, suaves, jocosos o humorísticos, hasta los más grotescos, vulgares, satíricos y denigrantes, así: Careniño, Niñodios, Bastantica, Patapicha, Virgojecho, Sabañón, Mocotieso, entre otros.

No podemos ni debemos confundir los términos apodo (carecrimen, gusano, bacteria), *nombre* (Blanca, Juan, Andrés), *sobrenombre* (el valiente, el manco), *seudónimo* (Dartagnan, Cleofás), *hipocorístico* (Chepe, Pepe, Pocho), alias (Sangrenegra, el Patrón) porque, aunque se refieren al nuevo nombre que se da al sujeto, difieren en matices significativos. Sin embargo, son equivalentes los términos *apodo, mote, remoque o remoquete.*

Así pues, el apodo como fenómeno lingüístico motivado, está siempre teñido de la coloración emotiva, festiva, humorística, sarcástica o grosera que le imprime el hablante creador o recreador del signo.


**Los apodos o motes**

Como hemos adelantado en la introducción, en todas las partes existen los motes, del mismo modo que aparecen los nombres propios u otro tipo de sobrenombres con la función identificadora y denominativa. Pero también es verdad que se usan mucho más en las sociedades o grupos humanos en las que se produce una convivencia cercana como puede ser un pueblo, un barrio, una escuela, un tajo o un lugar de trabajo que favorezca algún tipo de contacto humano entre las personas que comparten el ámbito laboral. De este modo aparecen en todo el mundo rural español, europeo e hispanoamericano, así como en las culturas indigenistas americanas y australianas, por poner algún ejemplo. Podemos decir, por tanto, que el uso de los apodos es un fenómeno universal que responde a unas necesidades y condiciones sociales comunes que favorecen su uso. En última instancia, a una necesidad socializadora más que hace que el lenguaje se vaya adaptando a las necesidades comunicativas de los seres humanos, que buscan en él utilidad y estética.

La razón por la que aparecen los apodos se debe, sin duda, a que han de cubrir una serie de necesidades comunicativas, sociales, emotivas y estéticas. Sirven para distinguir, identificar, precisar la identificación; para marcar una relación entre algunas características del sobrenombrado y su apelativo, así como para establecer rangos o grupos sociales, aportar valores afectivos, introducir connotaciones, clasificar, economizar lenguaje o ganar relevancia, ofender, fomentar y practicar la creatividad, establecer comparaciones, jugar con el lenguaje, literaturizar- Muchas son ciertamente las razones por las que surgen y se usan los motes y muchas las funciones que cubren, aunque en ocasiones sea difícil establecer puntualmente cuáles de ellas son las prioritarias y cuáles las secundarias.[3]

Aunque de primeras pudiera parecer que la decadencia del mundo rural supondría la desaparición de los apodos, la realidad demuestra que no es así, ya que los apodos perviven y siguen vigentes. Podemos comprobarlo cada día en el ámbito de lo cotidiano. Se usan en las relaciones familiares, amistosas, vecinales, laborales, deportivas y educativas, sea en escuelas, institutos o universidades, donde "no se salva" ni el profesorado. En definitiva, los apodos perviven y sobreviven con muy buena salud. Incluso si nos acercamos a la literatura podemos comprobar su vigencia; y si lo hacemos a la prensa y los medios de comunicación, a los mentideros deportivos o políticos, podemos comprobar muy fácilmente que casi todas las personas-personajes públicos tienen sus apodos o sobrenombres, más o menos respetuosos, asumidos o rechazados -y la actitud de rechazo manifiesto ante el mote hay que cuidarlo, porque, si se siente el enfado ante su uso, éste apelativo se consolidará y Esta universalidad del apodo confirma que responde a una necesidad comunicativa.

Por ello pervive con toda naturalidad, como lo hacen todas las fórmulas comunicativas que nos sirven para la convivencia. Y así podemos comprobar que desde toreros a boxeadores, pasando por ciclistas y artistas, hasta políticos y gente de la vida pública son merecedores de sobrenombres apodos. En ocasiones son apelativos nuevos que responden a la percepción que el público tiene de ellos; en otras se trata de la recuperación de apodos de la infancia que se hacen públicos como el mismo personaje; en otras son apelativos que responden a razones y circunstancias diversas e imprevisibles.

Ésta es la realidad de los apodos, de los que dice el diccionario que se trata de un "nombre que suele darse a una persona, tomado de sus defectos corporales o de alguna circunstancia, de suso. Chiste o dicho gracioso con que se califica a una persona o

---

[3] 1 FERRANDEOZB RADORS, V. (2002). "Los apodos". Campo de Cartagena - Oeste. Cuesta Blanca, Cartagena (Murcia): 3-55.

cosa, sirviéndose ordinariamente de una ingeniosa comparación". (DRAE, 1992: 1 12)2. Y podemos encontrar todo un campo semántico en tomo a este tipo de apelativos: sobrenombre, apodo, mote, alias, remoquete, cognomento, agnomento, renombre, sobrehúsa, seudónimo, alcuña, alcuño, malnombre. En resumen, todo un conjunto de términos denominativos en el que se inscriben los apodos o motes y que parten, regularmente, de la comparación ingeniosa, de defectos, características o circunstancias.

Como puede verse, son muchos los sobrenombres que pueden tipificarse. Pero, si nos atenemos a los apodos en concreto, conviene establecer una base común que los identifique. En nuestro estudio sobre los apodos o motes, especialmente si están consolidados o son familiares, llegamos a establecer algunos requisitos para que pudieran ser considerados como motes plenos. Entre ellos podemos mencionar los siguientes: l. Cumplen las funciones apelativas y distintivas, por excelencia. 2. Permanecen de forma muy prolongada en el tiempo y acompañan a quien sobrenombran, prácticamente, toda la vida. **3.** Se transmiten de forma hereditaria a la familia o a algunos de sus miembros. 4. Sufren un proceso de desemantización continuo[4]. Hasta tal punto llega la capacidad identificadora de estos sobrenombres que algunas personas insignes perviven en la memoria colectiva por su sobrenombre-seudónimo, como pueden se…

Tal como hemos avanzado, creemos que la definición de Moliner es la que más se ajusta a nuestra visión de los sobrenombres apodos o motes. La citada lexicógrafa los define del modo siguiente:

*apodo.* "Mote". Sobrenombre aplicado a veces a una persona, entre gente ordinaria, y muy frecuentemente en los pueblos, donde se transmite de padres a hijos; *mote.* "Apodo". Sobrenombre, generalmente alusivo a alguna cualidad, semejanza de la persona a quien se aplica, por el que se conoce a esa persona. Especialmente, los usados en los pueblos, que pasan de padres a hijos y, generalmente, no son tomados por ofensivos. (Moliner, 1998)[5].

---

[5] La autora certifica la percepción, a veces errónea, que se puede tener de los apodos y de su uso por parte personas que no viven en el ámbito rural: Los apodos son utilizados como identificadores de forma generalizada en los pueblos y responden a una cultura que no siempre es interpretada correctamente desde otros ámbitos

Esta autora, además, nos aporta tres pautas importantes: 1, que abundan o son frecuentes en los pueblos; 2, que se transmiten de padres a hijos; y 3, que se producen *"entre gente ordinaria"*6, aunque, *"generalmente, no son tomados por ofensivos"*. En alguna medida, constituyen algunos de los principios que entendemos que van a marcar los requisitos para que un término llegue a la categoría plena de apodo o mote.

Los requisitos que nosotros contemplamos son los siguientes: 1. Cumplen las funciones apelativas, distintivas y sociales. 2. Permanecen de forma muy prolongada en el tiempo y acompañan a quien sobrenombran, prácticamente, toda la vida. 3. Se transmiten de forma hereditaria a la familia o a algunos de sus miembros. 4. Sufren un proceso de desemantización continua (Ramírez, 2003). Con todo, conviene aclarar el significado de estos apelativos contemplados desde la perspectiva de las personas del ámbito rural, tal como nos lo han ido manifestando en las distintas investigaciones que hemos desarrollado. La percepción que tienen de los mismos es la siguiente: 1. **Sobrenombre**: término apenas conocido y sin localización lingüística clara para la mayoría; tras explicarlo, se le siente como un término fino y culto de apodo o mote, poco rentable en la sociolingüística del pueblo. 2. **Apodo**: mote suave, casi eufemismo de mote. 3. **Mote**: es el término puro del sobrenombre rural, el más frecuente y generalizado como apelativo en los ambientes rurales. Se adjudica a una persona por razones diversas, a veces sin intención peyorativa, como síntesis  lingüístico-expresiva de un signo de identidad, de una anécdota, de una complicidad; pero en otras con una intención ligera, mediana o fuertemente ofensivo: es un claro identificador y, en muchas ocasiones, extensivo a su familia6.

Los apodos y sus sinónimos, desde nuestro punto de vista, y tras estas incursiones en el ámbito lexicográfico y en el de las significaciones percibidas en el entorno investigado, son unos términos, vocablos, sintagmas, frases u oraciones sustantivadas perdurables que, frecuentemente con un matiz peyorativo, a pesar de la opinión de algunos usuarios, recopiladores y estudiosos que manifiestan que no hay intención de ofender y que los nominados no se molestan, identifican siempre a las personas y, con

---

6 Conviene dejar constancia de las dimensiones significativas más amplias de *mote*: a pesar de sentirlo en la actualidad como el apelativo más vulgar, en su origen no fue así, ya que, además de sobrenombre cercano al apodo (que es el término más preciso que se encuentra en los diccionarios para los sobrenombres en los pueblos), tiene más significados, como puede deducirse de las acepciones de mote en el DRAE *"Sentencia que llevaban como empresa los antiguos caballeros en las justas y torneos; (...) un pasatiempo literario, generalmente dialogado y cortesano, que era frecuente entre damas y galanes de los siglos XVI y XVII (...); Aleluyas o versos que por sorteo acompañan a los nombres de los participantes en el juego (...)"*; y en el María Moliner *"Frase que adoptan los caballeros antiguos como distintivo en los torneos o que figuran como *leyenda de escudo (...) divisa, empresa, lema"*: 398. Estas últimas acepciones lo tipifican como signo de distinción positivo.

frecuencia, caracterizan por caricaturización lingüística y por muy diversos motivos sociales y convivenciales.

Creemos que es muy acertada la percepción de que el verdadero valor del apodo está en sus significado figurado e intencional y no en el del sentido recto del término (Moreu Rey, 1981), salvo en el caso de los que responden directamente a un oficio, a un nombre propio o a un apellido; y podríamos decir que, incluso en estos casos, acaba acumulando valores y sentidos figurados y añadidos que, mediante el tono, indican y connotan algunas características de los sobrenombrados y la relación convivencial entre los interlocutores.


A modo de síntesis, podría decirse que los apodos entran dentro de la ciencia onomástica (antroponimia), es decir, aquella que trata de los nombres propios de las personas. Hay que tener en cuenta que los apodos fueron los primeros nombres propios que sufrieron un proceso paulatino de desemantización. El estudio de los mismos aporta gran cantidad de información sobre las creencias, formas de organización social y relaciones de trato, tratamiento y convivencia.

Estos nombres propios o apelativos personales individualizados y de carácter muy formal (nombres y apellidos) o informal (apodos o motes), se han asignado y usado de modo diferente de unas culturas a otras, pero el proceso siempre ha sido el mismo. Nombres, apellidos y sobrenombres son las formas más frecuentes de identificar a las personas; a veces, con un solo término; y, en ocasiones, con la combinación entre ellos para lograr la distinción entre los nombrados. Conviene recordar que el primer nombre propio fue el sobrenombre, apodo o mote, del que derivó el nombre propio oficial, administrativo y legal; pero, como ya se ha dicho, el primero fue el apodo. No obstante, debido a la oficialidad en la identificación de las personas de las sociedades actuales, hoy en día suele ocurrir al revés, primero se asigna el nombre propio y después se adjudican los sobrenombres; buen ejemplo de ello es el proceso de creación de estos últimos en algunas comunidades de aborígenes en Australia (Morgan, 1991).

En cualquier caso, hemos de indicar que, aunque en fechas actuales se está profundizando en el estudio de estos apelativos, queda mucho por hacer, ya que muchos de los trabajos sobre los mismos se reducen a la mera recogida y recopilación de los apodos que se producen en algunos pueblos. Es un campo complejo y difícil de trabajar, entre otras razones, debido a su fuerte carácter identificador y al valor residual semántico de muchos de ellos con significado negativo, lo que puede llevar a generar problemas, incluso jurídicos ante el estudio y, sobre todo, la publicación de términos como *El Mierda, Basura, Matabuelas, Caraculo, etc.* No obstante, se encuentra bibliografía abundante (Comisión IDATP, 1954 y ss.), estudios del siglo XIX (Godoy, 1871), algunos del XX (Moneu Rey, 1981; Barrio, 1995), otros ya del XXI (Ramos, Da Silva, 2002); (Mangado, Ponce de León, 2007) y algunas tesis doctorales sobre los mismos en fechas también recientes (González, 1993, Ramírez, 2003)[7].

## Clasificación de los apodos

Es un hecho cierto que nuestras sociedades se están volviendo cada vez más frías, que la convivencia cada vez tiene menos de humana y entrañable, que nos estamos convirtiendo casi en autómatas que circulamos por las calles sin mirar siquiera a aquellos con quienes nos cruzamos.

Pero, por suerte, esta situación, muy común en nuestras ciudades tan pobladas, aún no se vive en los pueblos. Vivir en un pueblo es relacionarse, contactar, comunicar, tratarnos diariamente unos a otros y, por qué no, conocernos por los apodos.

Porque el apodo nace en el fondo de una necesidad de comunicarnos, de contactar con el otro, de referirnos al otro y por ello nos acerca y estrecha más los lazos que en un pueblo pequeño, como una tela de araña, nos unen a unos con otros.

Evidentemente, este fenómeno de los apodos no es exclusivo de un pueblo en concreto, sino que forman parte del patrimonio etnográfico de todos, y sería muy revelador y entrañable llevar a cabo una recopilación y clasificación amplia de ellos en el ámbito de una comarca o, incluso, de la región. Ello contribuiría y mucho a definir una idiosincrasia, una forma de ser.

En primer lugar, habría que diferenciar el apodo del apellido y del mote. La diferencia con el apellido está clara, pues éste nos viene dado generación tras generación y tiene un carácter oficial y administrativo y una validez universal e intemporal.

El apodo y el mote, sin embargo, sólo tienen vigencia en nuestro pueblo y no tienen, por supuesto, ninguna validez a efectos administrativos o burocráticos. Aunque su diferencia con los apellidos es, pues, bien clara, no lo es tanto la distinción entre ambos conceptos.

---

[7] Como se ha avanzado, actualmente se está desarrollando el proyecto de investigación de la Universidad de La Rioja "Onomástica de Nalda (La Rioja): Nombres, apellidos y apodos (1871-2010)", cuyo investigador principal es el autor del presente artículo.

Según mi opinión, el apodo nace con una intención puramente diferenciadora, se transmite durante varias generaciones, convirtiéndose en referencia de clan.

El mote, sin embargo, nace con una finalidad peyorativa, originado por alguna condición negativa, defecto físico, y en su origen está referido a una persona en concreto. Lo que ocurre es que, con el tiempo, se puede convertir en apodo, abarcando a un linaje más o menos extenso.

Lo cierto y verdad es que, tanto unos como otros, son de una variedad y riqueza tremendas y reflejan ingenio y, en ocasiones, lo que se puede llamar coloquialmente mala idea, especialmente los motes.

Por ser el ámbito en el que desenvuelvo mi vida, voy a centrar este tema en un pueblo concreto, el mío, Abarán, el de las norias y de la balconada de la Ermita, el del Parque junto al Segura y del Teatro Cervantes con paredes salpicadas de notas de zarzuela, el del beso al Niño cada seis de enero y el desfile de Gigantes y Cabezudos en las postrimerías de cada septiembre.

Aquí, como en todos los pueblos, el valor del apellido no es apenas diferenciador, pues los Gómez, Ruices, Carrascos, Torneros, Cobarros, inundan el Registro Civil. Y Joaquín Gómez Gómez, por poner un ejemplo, puede haber decenas. Igual ocurre en Blanca con los apellidos Cano, Molina, Núñez... o en Ricote con los Torrado, Miñango, Candil...

De este problema nace la necesidad de añadir algo que distinga a un Gómez de otro, por ejemplo. Ya en el siglo XVI encontramos algún apelativo diferenciador, que hace referencia al lugar donde se vive, y así se habla de Ginés Gómez de la Plaza y Ginés Gómez de la Calle. Evidentemente, estamos ante un pueblo muy pequeño configurado solo por lo que hoy es su casco antiguo.

Transportándonos a la actualidad, basándonos en una recopilación alfabética que hizo mi amigo Indalecio Maquilón de Jerines, realizando una cata o selección entre los centenares de apodos/motes recogidos, podríamos intentar agruparlos en campos semánticos para establecer un cierto orden en una selva tan abundante. Aunque quedaría pendiente un trabajo aún más curioso e interesante que consistiría en la investigación del porqué de cada apodo, algo que en la mayoría de los casos se nos pierde en la noche de los tiempos, pues nacen muchos de ellos de una ocurrencia puntual o de una circunstancia muy concreta que es imposible seguir en el tiempo, pues no queda constancia alguna ni oral ni mucho menos, escrita.

Nos conformaremos, pues, con dar un entrañable paseo por este bosque de apelativos, intentando llevar a cabo una cierta clasificación desde el punto de vista semántico o, en ocasiones, fonético.

a)  Nombres de animales: águilas, conejos, pollos, pollitos, lagartos, grillos, ratones…

b)  Nombres de oficios (algunos desparecidos): alañaores, talabarteros, garbanceros, quincalleros, santeros, morcilleros…

c)  Defectos físicos/morales o virtudes: tuertos, cojos, mancos, tartajas, chepaos, tristes, chivatos…; guapos, rápidos…

d)  Frutas o legumbres: albercoques, calabazas, alubias, …

e)  Nombres que, por poco frecuentes, se convierten en apodos: anacletos, doroteos, baldomeros, toribios, cornelios, damianes, casimir os, ramones…

f)  Sustantivos diversos de alimentos, objetos, partes del cuerpo…: gaseosas, jarras, minas, colillas, chalecos, porrones, puñitos, pestañas, tocinos, …

g)  Gentilicios: gallegos, mulatos, catalanas…

h)  Nombres compuestos, formados por dos lexemas, la mayoría consiguiendo una combinación original que no forma parte del léxico castellano, y que obedecen a diversas estructuras:

    a)  verbo-
   sustantivo: pelagatos, matacristos, pinchapuertas, tragapuros, faratacarr os, buscavidas, cagatintas, mascaquesos …

    b)  sustantivo-adjetivo: patascortas, perrosgordos,

    c)  sustantivo-sustantivo: peñalejas

i)  Palabras nuevas conseguidas muchas veces por una combinación de sonidos llamativos, muy frecuente el de la letra "ch", a veces reduplicado: pachos, peruchetes, chiqueles, chairos, chiquetos, chuanes, chispes, chismos, chuchetes, chuchos, cachuchas, cachuchines, chichas. …A veces esa reduplicación es de otros sonidos: tatines, capitotos, patetas, tutos, cucas, pololo…

j)  Nombres de toreros famosos: arruzas, gaonas, curritos, manoletes…

Esto es solo una pequeña muestra de todo un caudal de apelativos de lo más variado y que son pinceladas en el cuadro en el que se dibuja la vida de un pueblo, de cualquier pueblo. Generalmente, para nadie es un problema el llevar el apodo (yo estoy muy orgulloso de ser Jarras y Peñaleja) aunque hay gente que no acepta de buen grado el apodo que arrastra y para algunos es un insulto el que se le llame con él; ello ha dado lugar a más de una discusión o incluso a la ruptura de relaciones en más de una ocasión. Aunque hay que comprender que no todo un pueblo puede estar avisado de la aceptación o no de cada uno del apodo que le ha caído en suerte o en desgracia, porque la verdad es que, aunque no se busque el insulto o la descalificación personal, hay apelativos que son como una losa que pende sobre toda una familia generación tras generación y que cuesta mucho librarse de ellos. Para ello hay una frase que se usa y que pone punto y final a cualquier situación de este tipo, instando al ofendido a que se aguante y cargue con el apodo que le toque:

- *Quien te puso "bodega", que te hubiera puesto "cámara última"*

Como hemos apuntado antes, sería muy clarificador y sugerente el conocer el origen de cada apelativo. Por suerte, conocemos el de algunos que nacieron en una fábrica de maderas, comúnmente conocida como La Leva, que en los años 50-60 dio trabajo a cientos de jóvenes y adolescentes. En ella, cuando entraba algún trabajador nuevo, se le hacía pasar por el rito del bautizo y se le imponía lo que era un mote, aunque con el tiempo muchos se han convertido en apodos, pasando ya a las generaciones siguientes. Algunos de ellos denotan un gran ingenio por parte del "celebrante":

- "donelías": se le puso este sobrenombre a un joven que tenía una pequeña calva en la cabeza, como los curas de entonces, y como había un cura en el pueblo llamado Don Elías, se le bautizó así.

- "picolino": Picoli era el nombre de un personaje de tebeo muy poco agraciado. Al decirle al joven que se le iba a bautizar con este nombre, este no quería y gritaba: "Picoli no, Picoli no". Y el "celebrante" le dijo que ya se había bautizado él solo.

- "pulpo": se le puso este apelativo a un joven que tenía las piernas muy largas y parecía que se enredaba en ellas.

- "bajoca": a este joven se le puso primero un nombre que no le gustaba y como era de la familia de los Alubias, se le bautizó con ese nombre que ya lo aceptó.

- "novillo", joven que era de la familia de los Chirros y por ser muy pequeño se le bautizó así.

- "el Papa": en una ocasión, con motivo de una festividad religiosa, el párroco organizó un desfile y un joven iba en un sillón con sotana blanca y sobre una carroza representando al Pontífice y, desde entonces, se le conoce con ese sobrenombre.

Como vemos, el nacimiento de un apodo o mote es fruto del ingenio en la mayoría de ocasiones y es por ello por lo que son una buena muestra de la idiosincrasia de pueblo, de cualquier pueblo.

Mirando al futuro, es una realidad que ese tipo de vida y sociedad en la que nacieron estos apelativos ya es muy diferente a la actual y que la forma de relacionarse de nuestros jóvenes, de las generaciones que nos suceden, va por otros derroteros. A pesar de ello, aunque algunos de estos apelativos ya no son usados por ellos, también es cierto que van surgiendo otros que, como motes en principio, van sirviendo para que se bauticen unos a otros, aunque seguramente estos apelativos tendrán una vida mucho más corta que esos apodos que se han ido transmitiendo generación tras generación, configurando una parte de la identidad de una comunidad y contribuyendo a ese encanto tan particular, tan sugerente, y para algunos tan desconocido, como tiene vivir en un pueblo.


**El apodo y sus características**
1. **Respeto:** Antes que nada, un apodo debe ser respetuoso. No debe ofender, humillar ni denigrar a la persona a la que se refiere. Un buen apodo es aquel que se otorga con cariño y que la persona lo acepta con agrado.
2. **Relevancia:** Debe tener algún tipo de relevancia con la persona a la que se refiere. Puede estar relacionado con su nombre, una característica física, un rasgo de personalidad o alguna historia o anécdota.
3. **Originalidad:** Un apodo original puede ser divertido y memorable. Intenta que no sea un sobrenombre común o genérico.
4. **Aceptación:** Es importante que la persona a la que se le pone el apodo lo acepte y se sienta cómoda con él. Si la persona se siente ofendida o incómoda, lo mejor es dejar de usarlo.
5. **Positividad:** Un buen sobrenombre debería tener una connotación positiva. Evita apodos que destaquen aspectos negativos o que puedan ser interpretados de manera ofensiva.

Encontrar el apodo perfecto depende en gran medida de tus intereses, personalidad y preferencias. Aquí tienes algunos consejos para ayudarte a encontrar un apodo que te guste:

Reflexiona sobre tus intereses: Piensa en tus pasatiempos, actividades favoritas, deportes o cualquier cosa que te apasione. A menudo, los apodos relacionados con tus intereses personales pueden ser una buena elección.

Considera tu personalidad: ¿Eres extrovertido, introvertido, gracioso, serio o creativo? Tu personalidad puede ser una fuente de inspiración para tu apodo. Por ejemplo, si eres una persona amigable, podrías considerar apodos amigables y simpáticos.

Juega con tus características físicas: A veces, los apodos se derivan de características físicas o rasgos distintivos. Puedes tomar en cuenta tu color de cabello, altura, color de ojos, etc., para crear un apodo único.

Utiliza un generador de apodos en línea: Hay muchas herramientas en línea que generan apodos automáticamente en función de tus intereses y preferencias. Puedes probar algunas de ellas para obtener ideas.

Solicita la opinión de amigos y familiares: A veces, las personas cercanas a ti pueden tener ideas creativas para un apodo que se ajuste a tu personalidad. Por ejemplo, un divertido «apodo para hermana» puede surgir durante una reunión familiar.

Sé creativo: No tengas miedo de ser creativo y pensar fuera de la caja. Los apodos únicos y originales a menudo son los más memorables.

Prueba diferentes opciones: No te apresures en elegir un apodo. Prueba diferentes opciones y tómate el tiempo para decidir cuál te gusta más.

Asegúrate de que sea apropiado: Asegúrate de que tu apodo sea apropiado y respetuoso. Evita usar apodos que puedan ser ofensivos o inapropiados.

## Modos discursivos de los apodos

La unidad comunicativa discurso resulta compleja de definir y depende de las perspectivas
desde las que se contemple. Como dice García, 2010, "*en los últimos años, el discurso se ha convertido en una de las palabras clave para muchas disciplinas y ha sido abordado desde perspectivas diferentes...*", generando una cierta confusión debido a las interrelaciones entre las ciencias lingüísticas y sociales. Consideramos el discurso como el uso de una estructura verbal, un instrumento comunicativo y cultural, y una forma de interacción sociocomunicativa en un contexto y una situación dados.

Si contemplamos el discurso como lenguaje y como una práctica comunicativa social, lingüística y textual nos encontramos con modos diferentes: sociales, administrativos, académicos, institucionales, jurídicos, periodísticos, conversacionales, instructivos, convivenciales, pragmáticos, literarios, narrativos, descriptivos, intelectuales, religiosos, políticos, conservadores, progresistas, místicos, realistas, fantásticos, transcende "ligeros", etc., y populares. Nosotros vamos a centrarnos, especialmente, en los discursos convivenciales populares rurales. Y dentro de esta categoría discursiva, se abordarán distintas subcategorías para contemplar el abanico tan rico de discursos que se producen en estos ambientes.

Todos ellos son susceptibles de matización, dado el carácter flexible y polisémico del término discurso. A nuestro entender, lo vamos a vincular, preferentemente, al principio de adecuación, al registro comunicativo en que se construye pensando en el uso social, en la situación del emisor, del receptor o receptores, en las intenciones comunicativas y en todas las circunstancias que rodean el contexto comunicativo en el que se produce la acción comunicativa discursiva.

Y, es en esas sociedades dónde adquieren una gran relevancia algunas unidades discursivas que se caracterizan por su capacidad de síntesis como los ya ante citados apodos, los saludos expresivos con interjecciones del tipo "*¡eh!*" y sus variantes "*¡hey!*", con tonos y cadencias prosódicas altamente significativas desde el punto de vista relacional, ya que marcan grados de empatía, confianza, distancia, complicidad, etc.; y otros que, a modo de ejemplo, muestran el carácter sintético del habla en los pueblos, como es el caso de algunas expresiones usadas por los campesinos y pastores para manejar y conducir el ganado: en el
caso de las aballerías y mulares, *arre* 'avanza o camina', *so* 'alto o para', *güesque* 'giro a la izquierda', *güellaó* 'giro a la derecha' (Mangado, 2007); o algunos sonidos paralingüísticos que indican avanzar o para al ritmo y grado en el que se pronuncian sonidos como *chell-chellchell...* 'avanzar de continuo', s*oh-soh-soh...* 'ir poco a poco y parar'.

**Los apodos en el mundo barrial o Comunal**
Encontramos anécdotas altamente representativas del uso social de los apodos que se repiten en casi todos los barrios organizados en Comunas. Podemos citar la casi imposible identificación de algunos vecinos por su nombre oficial, ya que todo el mundo los reconoce exclusivamente por el apodo. Puede ser el caso de *Vida suave, Cucaña* o *Baile en bote*, entre otros muchos, en las Comunas que hemos tomado como referencia, donde se cuentan algunas anécdotas como no poder dar razón de ser de algunos vecinos por su nombre y apellidos, aunque sí, siempre, por los apodos, lo que es un indicador claro del gran poder de identificación precisa de estos apelativos. Este

fenómeno hace que en algunos pueblos se hayan elaborado "listines telefónicos" específicos por apodos, debido al desconocimiento o confusión en la identidad oficial de muchos de ellos. También se da el caso de pequeñas empresas que acaban denominándose con el nombre-apodo de sus dueños como son los casos concretos de *El Serrano* y *Canejo*. Asimismo, se da el caso bastante frecuente en Asturias y en algunos pueblos de La Rioja, entre otros, donde las esquelas mortuorias añaden el apodo para la mejor identificación y como signo de identidad muy asumido por las familias, como es el caso del citado *Capitán, Chospas* y *Tacuesa*. Incluso, hay algunas familias que lo añaden en las lápidas funerarias. Todo ello da una idea de hasta dónde están inmersos estos apelativos en el mundo rural.

Ámbito por excelencia de la creación y pervivencia de los apodos, no podemos olvidar la función "estética" o creativa de los apodos (Ramírez, 2005a). En casi todos los pueblos se localizan personas con una gran habilidad y tendencia a asignar apodos a sus convecinos debido a una intuición y capacidad especial que les permite captar signos actitudinales, corporales, de comportamiento, etc., que les lleva a crear vocablos a modo de caricaturas léxicas de los sobrenombrados. Como ya dijimos anteriormente, el poeta Federico García Lorca era considerado como un gran apodador. Tal vez por ello sean tan pertinentes y acertados los nombres de algunos de los personajes de sus obras dramáticas: *Yerma, Angustias*, etc.

## Uso social de los apodos

Ya hemos ido avanzando algunos usos sociales de los apodos como identificadores y como expresiones generadoras de lazos de confianza, complicidad positiva y familiaridad. La mayor parte del ante citados hacían referencia a los apodos aceptados y de carácter positivo, pero también hemos de contemplar aquellos que connotan aspectos negativos para sus portadores y que suponen malentendidos, desencuentros y enfados. En algunos casos son rechazados de plano por los apodados, aunque no por eso se pierden: la realidad social demuestra que, cuanto peor se acepta un apodo, más se mantiene en vigor y en uso, aunque no se utilice ante el apodado. Como se suele decir en los pueblos, la mejor forma de ganarse un apodo y perpetuarlo es mostrar enfado y disconformidad con el mismo; automáticamente, el pueblo tiende a registrarlo como elemento identificador preferente de la persona que lo rechaza: hay una cierta complicidad colectiva en reforzar ese apodo y un punto de empecinamiento consensuado en ello.

En cuanto a la aceptación o no de los apodos son varios los motivos por los cuales se asumen o rechazan, además de la pertinencia de los mismos según en que situaciones, contextos, por quiénes y ante quiénes lo usan. Es obvio que algunos refieren a aspectos, razones o anécdotas que son tolerados e, incluso, "queridos" en algunos momentos, aunque no en todas las situaciones. Hemos de tener en cuenta que algunos de los apodos surgen en las mismas familias (por lo tanto, sin intención ofensiva), otros en los ámbitos escolares, en los de las pandillas de jóvenes, en círculos deportivos, de ocio, laborales, profesionales, etc.; y los más son heredados como patrimonio familiar y social en los que, como en muchos nombres propios, ya han perdido su valor semántico recto y originario.

¿Cuáles son los apodos más aceptados? Podemos decir que aquellos que no hacen referencia a significados ofensivos, groseros, descalificadores malsonantes, etc., son aceptados sin gran problema. Y lo mismo ocurre con los que son heredados y su origen y su significado recto se pierde en el tiempo. Apodos como *Tecle, Risio, Sopas, Ajito*, entre muchos, muchos otros son aceptados, incluso con orgullo, por la mayor parte de los vecinos del pueblo, aunque en el pueblo, eso sí. También por lo que suponen de patrimonio y pertenencia, como el caso de las manifestaciones del tipo "*Yo soy de los Pandos, Casquetones, Carinas, Pichoches, etc.*", o los casos ya citados de su uso en empresas, esquelas necrológicas e, incluso, lápidas funerarias. Un ejemplo de la importancia de los apodos lo encontramos, por ejemplo, en otros ambientes, como en el literario de Elvira Lindo, *Manolito Gafotas*, cuando *El Orejones* viene a manifestar que mejor tener ese apodo que ninguno porque, si no, "*no eres nadie*". Son ejemplos y realidades que muestran el valor de los apodos como signos personales de identidad y pertenencia familiar o social. ¿Y cuáles son los menos aceptados o rechazados? Obviamente, aquellos que refieren a significados descalificadores o circunstancias no aceptadas por los sobrenombrados. Resulta de lo más comprensible entender que apodos reales como *el Mierda, Basura, Mocazos, Morrotorcido*, etc., resulten inaceptables para los apodados, especialmente porque muchos de ellos surgen de valoraciones negativas, circunstancias adversas, discapacidades, aspecto físico, experiencias dolorosas y comportamientos inadecuados o descalificadores. Además, tal como hemos avanzado antes, si el mote no es aceptado, tiende a consolidarse más y a ser más usado y constituirse en motivo de mofa y risa por parte de quienes los utilizan para identificar al apodado, aunque sea en su ausencia. Por otra parte, es bien sabido el carácter jocoso, a veces burlón y un tanto malicioso del apodador "profesional" al que, regularmente se le reconoce intuición, chispa, creatividad y, como se dice en los pueblos, un puntito de "mala leche".

En este sentido, nuestra opinión y actitud es que se ha de ser muy respetuoso en la asignación y uso de los apodos, evitando todos aquellos con connotaciones negativas y ofensivas y que no sean aceptados por los apodados. Por ello, hemos desarrollado investigaciones de investigación-acción educativas en varios centros escolares y educativos con el fin de reflexionar sobre la conveniencia o no del uso de los apodos y especialmente de aquellos que pueden suponer una agresión dolorosa y traumática para algunas personas, y más en los estadios infantiles y juveniles.

Con todo, hemos de decir que la mayor parte de los vecinos de las sociedades rurales de más de 35 años los usan como fórmula habitual. Y suele ocurrir que, muy especialmente, aquellos que suelen motejar y usar los apodos con más frecuencia son, a su vez, quienes más sobrenombres acumulan para su propia identificación, distinción y caracterización. En cualquier caso, y sin restarle importancia a lo delicado del tema, que sin duda lo es, en todas las investigaciones ha sido necesario adoptar una cierta actitud ecléctica, pero sensible y comprometida con los valores de convivencia. Ha sido muy conveniente para superar los prejuicios que rodeaban la cuestión de los sobrenombres y algunos dogmatismos que hubieran empobrecido el estudio, las acciones educativas (Ramírez, 2003 y 2005[a]) y ensombrecido la utilidad y el patrimonio eminentemente rural que constituyen muchos de estos apelativos para quienes los usan con sentido común y buena fe. Sirva como ejemplo la noticia aparecida en los medios de comunicación sobre la publicación de los motes de Huétor Vega, Granada (Pérez-Rejón, 2002)[8], en Tele 5 el día 1 de junio de 2001 y en el *Ideal* de Granada de las mismas fechas, donde R. Urrutia escribe lo siguiente:

**A los vecinos de Huétor Vega** les ha gustado tanto ver publicados sus motes en un libro que tras agotarse la primera edición de *Huétor Vega y sus vecinos*, de Francisco Pérez-Rejón Martínez, que constaba de mil ejemplares, ha sido publicada una segunda con otros 500. El libro recoge prácticamente todos los motes de los vecinos y familias

---

[8] PÉREZ-REJÓN MARTÍNEZ, Francisco (1999): *Huétor Vega y sus vecinos (1982-1995)*. Huétor Vega (Granada), Ayuntamiento, 2002.

de Huétor Vega a lo largo del tiempo, muchos de los cuales aún permanecen en las jóvenes generaciones. La forma popular del texto, la intensa labor de investigación llevada a cabo por su autor y el cariño con que están tratados todos los vecinos y sus apelativos, consiguieron que la primera entrega quedase agotada en poco tiempo. Casi un tercio de los ejemplares han sido solicitados por hueteños emigrados, algunos incluso a países latinoamericanos. El libro recoge más de un centenar de apodos y motes de hasta principios de siglo e incluye apartados que se dedican a los alcaldes, a los distintos curas, a los jueces o a las plazas y acequias.

Creemos que este es un buen testimonio de una valoración positiva de este elenco de voces, así como del modo de recoger, catalogar y estudiar los apodos para lograr su aceptación. Forma que contrasta con otras donde se producen malentendidos, disgustos e, incluso, algún que otro conflicto. El abordaje de los apelativos por parte de Pérez-Rejón nos orienta hacia el enfoque y actitudes con que conviene emprender estas investigaciones. Y buena muestra de ello es la acogida tan positiva que comenta el articulista, y que conecta con el tema de los valores, justamente, en la afirmación que hace cuando habla del *"cariño con que están tratados todos los vecinos y sus apelativos"*. Seguro que este buen tratamiento del tema de los apodos con grandes dosis de profesionalidad, sosiego, empatía, sentido común y calidad humana en las relaciones, entre otras razones, es una de las causas por las que el estudio y el libro ha sido tan demandado por los habitantes o descendientes de Huétor Vega.

Como discurso pragmático, el apodo es un acto de habla de alta rentabilidad y uso común: podemos decir que, en los pueblos, prácticamente todos los vecinos tienen su apodo con un alto grado de capacidad identificadora y distintiva. Algunos de ellos portan más de uno, el familiar y otros personales que han adquirido en algún estadio de su vida por razones diversas. El uso de estos sobrenombres resulta cotidiano y natural para la población rural y también se mantiene en algunos contextos urbanos con raíces rurales y conciencia de las mismas. En los pueblos el uso suele ser directo y sin ambages; en las ciudades se suele utilizar en contextos específicos de evocación de la vida campesina a la que se pertenece en origen.

En ambos casos se perciben grados diferentes de respeto y empatía dependiendo de quién los usa, a quién se nombra, con qué intención, en qué momento, ante quiénes, en qué situación y circunstancia, en qué clave comunicativa, en qué clima de confianza, complicidad y reciprocidad.

Este uso generalizado de los apodos, pues, nos da muestras más que suficientes para catalogarlos como discursos sintéticos de carácter muy práctico en las relaciones sociales, especialmente en las del ámbito rural. El hecho y la realidad ya mencionada de tener que recurrir de modo casi obligatorio al uso de los apodos para identificar a las personas confirma su carácter sintético y pragmático: Fernando Martínez puede haber varios –en los pueblos se repiten nombres y apellidos con toda frecuencia- y puede resultar inidentificable, incluso tras rastrear los apellidos y su ascendencia paterna y materna, pero *Mielero* solo hay uno, Nano *Mielero*; lo mismo podríamos decir de Jesús Ruiz, que también puede haber varios, pero *Forris* solo hay uno, Chuchi *Forris;* y otros muchos casos similares. Lo mismo podemos de decir respecto a los listines telefónicos por apodos que en algunos pueblos se han llegado a elaborar, a veces con carácter municipal y a veces empresarial o asociativo, para poder identificar correctamente a los vecinos. Así mismo, podemos citar el hábito mencionado de denominar a algunas empresas por el apodo del propietario o de la familia (excavadoras *Canejo*). Pero quizá la muestra más emotiva de la utilidad de los apodos sea su uso en las esquelas mortuorias (Milagros *Chospas*) y en las lápidas de los cementerios de los pueblos (Ángel *Capitán*).


## CONTEXTO: UNA APROXIMACIÓN AL PACÍFICO COLOMBIANO.

La Región del Pacífico colombiano es una de las regiones más ricas en biodiversidad y recursos de toda índole, para tener una idea basta con señalar algunos ejemplos: se estima que en la región existe uno de los mayores índices de endemismo continental de plantas, o sea, especies exclusivas de una región terrestre, 8 y 9 mil especies de plantas de entre las 45 mil que existen en Colombia, además existen estimados de que en la región está representado el 11% de todas las especies de aves conocidas en el mundo y el 56% de las colombianas. Se trata de 10 millones de hectáreas de gran variedad ecosistémica que permiten que la región sea reconocida por una gran riqueza ictiológica, se calculan aproximadamente 400 especies de agua dulce y marina, la acuicultura representa cerca del 20% de la producción pesquera del país. En cuanto a minerales es conocida por sus grandes yacimientos de oro y platino, otros minerales de potencial aprovechamiento son el cobre, el manganeso, cromo, hierro, carbón y la magnetita. Como si esto fuera poco, ECOPETROL estima que se pueden encontrar 36 millones de barriles de petróleo y unos 45 millones de metros cúbicos de gas. La región Pacífica cuenta, además, con un potencial de 248 ríos, integrados en la cuenca hidrográfica del pacífico, que son vitales para las comunidades ribereñas y del mundo donde el recurso es limitado.

La Región Pacífica se caracteriza por la existencia de ecosistemas estratégicos y de inmenso potencial que deben ser protegidos. Por su biodiversidad el Pacífico es reconocido como uno de los lugares más privilegiados del Planeta y es un punto estratégico para la inserción del país en la economía mundial y un factor fundamental para su competitividad.

El 79% de sus ecosistemas no han sido transformados; la región cuenta con cuatro parques nacionales naturales y un santuario de fauna y flora; la región ha sido una zona declarada reserva forestal para la protección de los suelos, las aguas y la vida silvestre. No obstante, a pesar de su gran potencial, el Pacífico es una región poco estudiada: sólo el 1% de los investigadores y el 2% de las entidades trabajan en el Pacífico.

La otra cara de la moneda en el Pacífico es el hecho de que la región sea la más pobre del país según fuentes oficiales. Todos los indicadores con los que se mide el desarrollo en el Pacífico son los más altos. Por ejemplo, mientras que en toda Colombia el analfabetismo funcional (menos de tres grados cursados) tiene un porcentaje del 15%, para el Pacífico este porcentaje se eleva al 18%. En relación con la salud la mortalidad infantil que es del orden del 19 por mil en Colombia para la región es del 54 por mil, la desnutrición en Colombia es del 13.6% y en el Pacífico por poco se dobla esta cifra: 24%. Los departamentos de Nariño y Cauca poseen las tasas más altas de desnutrición crónica: un 24%, mientras que el promedio nacional es del 13.6%. Con respecto al país la Región Pacífica presenta la tasa más alta de desnutrición por baja estatura para la edad en el rango de 10 a 17 años.

Hablar de los pueblos étnicos del Pacífico, tanto indígenas como afrodescendientes, supone ante todo reconocer que estos pueblos están aportando a la actual estructura cultural, ambiental y social de la región, a partir de sus dinámicas propias e impuestas, que se reflejan tanto en sus procesos de resistencia física y simbólica como en sus procesos de adaptación y sincretismo que incluyen igualmente el auge y crisis de sus identidades, así como sus procesos de migración. También, es consultar la historia regional, con sus procesos de poblamiento y movilidad, sus relaciones con la sociedad nacional y regional, las olas colonizadoras, los auges extractivos y la expansión del sistema de economía de mercado, hechos que sin duda han generado profundas transformaciones en sus territorios y sistemas culturales. Según Consejo Nacional de Política Económica y Social – CONPES 3491 (2007:6) Se plantea una política de Estado para el Pacífico Colombiano que contiene la aplicación al Pacífico de la política «Estado Comunitario: desarrollo para todos». Ella pretende insertar esta región al desarrollo nacional e internacional en el marco de un programa estratégico para la reactivación social y económica, que propenda por el mejoramiento de las condiciones de vida de sus pobladores y considerando las condiciones ecosistémicas naturales y étnicas de la región.


## EL PACÍFICO: UNA COMUNIDAD LINGÜÍSTICA

Tumaco es una comunidad lingüística porque la gran mayoría de sus habitantes hacen parte activa de «…un grupo de seres humanos que utilizan la misma lengua o el mismo dialecto en un momento dado, lo que les permite comunicarse entre si…» (Jean Dubois, 1979:30). De igual modo, una comunidad lingüística es «… un grupo de personas que forman una comunidad, región, un municipio, un barrio, una nación, y quienes tienen al menos, una variedad de habla en común…» (Richards et al. 1992).

Pues bien, una comunidad lingüística se debe definir especialmente atemperándonos a las variedades que ésta utiliza, su registro y normas lingüísticas de interacción además de sus aptitudes1. Para lo dicho arriba, es necesario tener en cuenta que... «...una comunidad lingüística no es homogénea; siempre se compone de un gran número de grupos que tienen comportamientos lingüísticos diferentes; la forma de lengua que los miembros de estos grupos utilizan tiende a reproducir de una manera u otra, en la fonética, la sintaxis o el léxico, las diferencias de generación, de origen o de residencia, de formación, o de profesión y diferencias socioculturales.» (Dubois. J. 1979).

Dentro del contexto anterior, debe subyacer la precisión de que además de una comunicación recíproca entre bonaerenses a través de un código común también aparece la posibilidad de que algunos miembros de esta comunidad compartan dos o más códigos diferentes al de la comunidad mayor; tal es el caso las comunidades indígenas. Por ello, una comunidad lingüística se puede dividir y subdividir en numerosas comunidades inferiores; un individuo cualquiera puede pertenecer al mismo tiempo a varias comunidades lingüísticas.

Por último, el concepto de comunidad lingüística sólo implica que se reúnan ciertas condiciones específicas de comunicación satisfechas, en un momento dado, por todos los miembros de un grupo y solamente por ellos; el grupo puede ser estable o inestable, permanente o efímero. Con base social y/o geográfica.

La Región Pacífica es una comunidad lingüística porque la mayoría de las personas que la habitan se comunican a través de la lengua española utilizan el dialecto costeño del pacífico general y particularmente comparten la variante dialectal costeña que predominante.

Los apodos o motes tienen carácter universal y se han utilizado desde el principio de los tiempos en todas las sociedades humanas como antecesores de los nombres propios y apellidos. Han sido y son apelativos usados en los círculos cercanos para identificar con precisión a las personas a las que sobrenombran. Es frecuente sentirlos consustanciales a las sociedades rurales y, en consecuencia, a formas de habla de carácter popular y coloquial, alejados de los usos oficiales establecidos por las normas cultas de tratamiento. En ocasiones, debido a la significación de algunos de ellos, se les considera como apelativos ofensivos y no es infrecuente encontrar ciertas resistencias a ser nombrados de ese modo por bastantes personas. Ciertamente, algunos apodos distan mucho de ser vocablos agradables y positivos para quienes los portan, aunque en otras ocasiones sí que refieren a significaciones más aceptadas.

Con todo, en el caso de los motes, como en casi todas las facetas de la vida, las cosas no son ni blancas ni negras. Al menos no del todo. La realidad se tornasola para mostrar su magnífica complejidad. Efectivamente, ni son exclusivos de los pueblos, ni son rechazados siempre; así encontramos estos apelativos no solo en los ámbitos rurales, sino también en cualquier círculo de cercanía: grupo de amigos, colegios, barrios, equipos deportivos, grupos de artistas, etc. Del mismo modo, no siempre los apodos tienen connotaciones negativas ni son rechazados por los apodados. Y, también, encontramos que la aceptación o no de este apelativo informal y no oficial tienen mucho que ver con el grado de confianza, emotividad y complicidad de quienes los usan.

De todo ello vamos a tratar en este artículo que pretende mostrar cómo los apodos constituyen un discurso sintético y muy rentable, por la economía de lenguaje que suponen, además de clarificador y generador de lazos convivenciales y de producciones lingüísticas de una gran creatividad. El mismo poeta Federico García Lorca fue un gran apodador en sus tiempos de la estancia en la Residencia de Estudiantes de Madrid. Y, tanto él como otros autores como Miguel Delibes (*El camino, Las Ratas,*) y Camilo José Cela (*Tobogán de hambrientos)*, por poner algunos ejemplos, tipificaron a muchos de sus personajes a través de apodos que se convertían en metáforas acertadísimas y de una gran precisión identificadora, a modo de caricatura lingüística de los citados personajes en sus obras literarias.

Este trabajo tiene su origen y sus antecedentes en el interés del autor por las formas de vida en las sociedades rurales, que le llevaron a desarrollar los estudios de doctorado, tesina y tesis doctoral sobre los apodos; así como en otras investigaciones sobre onomástica que ha ido desarrollando en los últimos años y en publicaciones diversas sobre el tema. Pero el origen prístino radica en la pertenencia y vinculación del autor al mundo campesino en el que nació, crió y vive. De ahí la preocupación y ocupación de recopilar y estudiar estos sobrenombres, así como de analizarlos desde una perspectiva no sólo lingüística y sociolingüística, sino también desde sus usos concretos y lo que suponen como elementos de relación y convivencia. En alguna medida, ha pretendido durante estos años recuperar, a través de estos apelativos tan insertos en las relaciones de los ámbitos rurales, parte del patrimonio inmaterial en riesgo de desaparecer a la par que decae el mundo agropecuario en el que más se han desarrollado.

Este trabajo pretende, pues, ofrecer y compartir una visión somera sobre un tema que creemos original y en el que trabajamos constantemente.1 Consta de varios epígrafes en los que se tratará el tema desde una triple perspectiva: 1. Los apodos como discurso sintético de convivencia. 2. La sociedad barrial urbana organizadas en cinco (5) comunas, y algunos discursos sintéticos convivenciales. 3. El uso social de los apodos en el mundo barrial urbano.

## METODOLOGÍA

Este trabajo se enmarca dentro de las investigaciones de tipo dialectal, porque describe una parcela o aspecto de una lengua: el apodo, en un lugar y dentro de un contexto social, Tumaco, con una sincronía en la recolección de datos, finales de comienzo de 2012-2013, y utiliza técnicas o métodos propios de la dialectología, disciplina considerada como la rama de la lingüística, que "debe dar razón de la variedad y variación intradiasistemática" (Montes, 1995, pág. 115), o sea, razón de la variación o de las variaciones de una lengua en un espacio geográfico o, como dijera Luigi Heilman, citado por Montes, "el estudio de la unidad en la variedad, es decir, de la forma en que un conjunto de normas, variedades y variantes se integran en un conjunto mayor" (Montes, 1995, pág. 71).

Ahora bien, si una lengua es un sistema de signos que realiza una comunidad o sociedad, en su comunicación interindividual -hecho social -, y la dialectología, con su método, la geografía lingüística, permite recoger una parte o toda esa forma de expresión lingüística, producida por los hablantes en una comunidad, determinada en el tiempo y limitada espacial y socialmente, esa investigación se ajusta a los patrones lingüísticos de la disciplina dialectal.

## RECOLECCIÓN DE LA INFORMACIÓN

La recolección de la información es el período práctico del proceso investigativo, la parte fundamental del mismo. Ella permite, a partir del trabajo de campo, establecer el estado de la cuestión o fenómeno que se investiga.

La investigación lingüística en Colombia ha tenido en estos últimos tiempos un gran auge, gracias al impulso que el Instituto Caro y Cuervo le ha dado al estudio del español colombiano, unido al esfuerzo y al trabajo de establecimientos y centros de educación superior, que han asumido con responsabilidad y compromiso la necesidad de estudiar el sistema lingüístico que empleamos como medio de comunicación.

Algunos trabajos e investigaciones, breves o extenso, sobre este tema se han realizado hasta ahora. Sin embargo, falta aún mucho por hacer. Este es, entonces un aporte más al conocimiento del español tumaqueño. Para su realización se tuvieron en cuenta los siguientes:

### El cuestionario

Se elaboró y aplicó un cuestionario breve de 19 preguntas, dividido en dos grandes grupos, así: A- Generalidades y B- El fenómeno por investigar. La primera parte corresponde a: nombre del informante, lugar de nacimiento, sexo, edad, profesión u oficio, y sector donde vive éste. La segunda tiene que ver con el apodo en sí: apodo, origen, motivación, descripción, descripción física del apodado (características), tiempo del apodo, quién le puso el apodo, dónde se lo dicen por qué lo ponen, le gusta, por qué le gusta, no le gusta, por qué no le gusta, y unas observaciones.

Desde el punto de vista metodológico, el cuestionario es uno de los recursos más frecuentes, y siendo útil, importante y práctico, se emplea desde antiguo en investigaciones lingüísticas, "porque concentra el objeto de estudio de manera insuperable, aborda directamente el asunto con ilimitado poder de expansión y profundidad y, como era de esperar, produce datos lingüísticos con exactitud y economía" (López Morales, 1994).

***La encuesta:*** las encuestas se realizaron durante los últimos meses de 2012 y los primeros de 2013. El trabajo de encuesta es el fruto de la labor realizada por mí, como profesor de lenguaje, tutor de en el área de lenguaje y matemática del programa PTA y PNLE, del Ministerio de Educación Nacional, y como miembro de la Redlenguaje de Colombia, en el acompañamiento a docentes en lectura y escritura. Allí tuve la oportunidad de orientar trabajos finales de maestros que estaban desarrollando proyectos de aula, con relación a la recolección de información lexicográfica y desinencias dialectológicas de Barrios y veredas del municipio de Tumaco. Como tarea de revisión y verificación de la labor ejecutada por los docentes y estudiantes en esos programas académicos realicé varias encuestas complementarias.

Al principio mi intención no era muy ambiciosa y consistía simplemente en recoger una pequeña muestra, para presentar, en el boletín del Nodo Pacífico de Lenguaje de la Red Colombiana de Lenguaje, unas pocas observaciones sobre el fenómeno del apodo. Sin embargo, con aquellas primeras colecciones y una charla con profesores de Lingüística, me di cuenta de la importancia de ampliar la muestra para el trabajo de la carrera. Entonces realicé un cuestionario final, que me permitió, en compañía de los estudiantes, recoger este riquísimo material que constituye el corpus lingüístico del trabajo.

Así pues, la primera parte de las encuestas se las pudo denominar trabajo exploratorio sobre la realidad lingüística por investiga, La segunda, ya el trabajo en sí constituye la recolección del corpus, en la que participaron no menos de 96 estudiantes y 40 maestros. Las encuestas tenían sólo el objeto de recoger un material suficiente para este estudio. Mi interés con los estudiantes era inducirlos a la práctica y recolección de una muestra sobre un fenómeno particular del habla en la población de Tumaco y su incidencia en las Comunas: El apodo. Tarea que se realizó y se evaluó como trabajo final de curso y con los docentes como apoyo a los artículos que estaban escribiendo con respecto al fenómeno.

De aquí que las encuestas tuvieron duraciones diversas. Las iniciales, o de base, se realizaron en el segundo semestre de 2012. Éstas me permitieron explorar el fenómeno lingüístico y, posteriormente, establecer la validez y confiabilidad del instrumento final por utilizar. Las otras encuestas, definitivas se llevaron a cabo en el primer y parte del segundo de 2013.

El cuestionario se puso a prueba en una encuesta piloto, aplicada a algunos compañeros de Nodo de Lenguaje y a profesores de la institución donde laboro, hombres y mujeres conocidos, lo que permitió su validación y confiabilidad.

El instrumento final fue aplicado, por estudiantes de último grado que estudiaban estratégicamente en las cinco comunas, a hombres, mujeres, jóvenes y adultos, tumaqueños nativos, residentes, inmigrantes, de diferentes profesiones u oficios, y que viven en la Comuna 1, 2, 3, 4 y 5 del municipio de Tumaco.

Por los numerosos estudiantes de los grados último del Media Académica, se logró recogeré mucho material. Para esto, se dividió los estudiantes en grupos de 5 y cada uno de éstos debía aplicar mínimo 3 encuestas, entre familiares, amigos, conocidos, compañeros de estudio o de trabajo, vecinos de su barrio, etc., es decir, cada grupo me traía 15 cuestionarios aplicados. Razón por la cual la muestra resultó tan amplia y riquísima.

*Los informantes*. Los informantes son el producto de la selección que los alumnos determinaron, según los parámetros dados. Esto es, de acuerdo con el grado de amistad, familiaridad, vecindario, etc., el encuestador aplicaba el cuestionario. En ningún momento se exigió aplicar éste a grupo o número de personas determinadas, ni definidas por el sexo, la edad, procedencia. De aquí que los informantes constituyan un grupo heterogéneo de hombres y mujeres, jóvenes, adultos, profesionales, o no, foráneos o raizales, que viven en los distintos barrios y sectores de la ciudad capital.


**La muestra.** Está constituida por los 750 registros recogidos durante los años 2012 y 2013, en las encuestas realizadas a través del cuestionario final, para un total de 1. 250 apodos.

## ANALISIS E INTERPRETACIÓN DE LOS RESULTADOS

Las gráficas que se presentan a continuación corresponden a algunas de las preguntas del cuestionario aplicado, seleccionadas para clarificar aspectos sobre la función del apoco en el habla tumaqueño.

*Grafica 1 Pregunta N° 6 Tiempo del apodo.*

| | | |
|---|---|---|
| GRUPO I | 47% | MENOS DE 5 AÑOS |
| GRUPO II | 14% | ENTRE 5 Y 25 AÑOS |
| GRUPO III | 31% | ENTRE 5 y 15 AÑOS |
| GRUPO IV | 8% | MÁS DE 26 AÑOS |

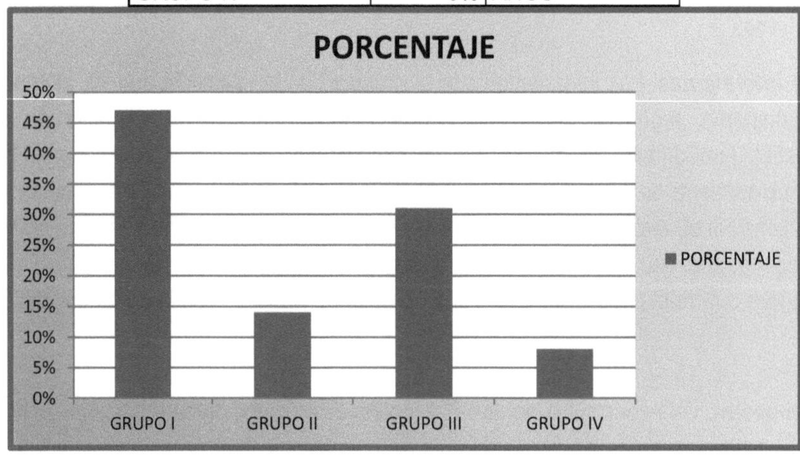



La visualización gráfica de esta pregunta permite corroborar que el apodo, como fenómeno lingüístico, marca al sujeto desde la niñez hasta que uno deja existir. Se observan, entonces, cuatro grandes grupos, indicativos del tiempo del apodo, que van desde los primeros años de la infancia hasta la madurez y, seguramente, más allá de la muerte de la persona poseedor del infortunado o afortunado, según el caso, acto de habla.

### *Grafica 2 Pregunta N°7 ¿Quién le puso el apodo?*

PORCENTAJE

| Colegio Universidad | 14% | 105 |
|---|---|---|
| Trabajo | 8% | 60 |
| Enemigos | 2% | 15 |
| Familiar | 28% | 210 |
| Amigos | 48% | 360 |

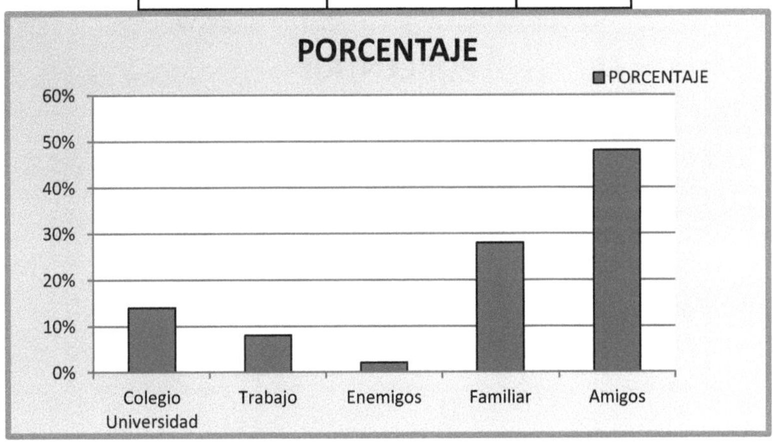


**Al preguntárseles a los informantes** por el autor del apodo con que fueron bautizados, éstos respondieron, en un 48% que los amigos; en un 28% que los familiares; en un 14% que en el colegio o en la universidad; en un 8% que los compañeros de trabajo;

en un 2% que los enemigos, y un porcentaje muy bajo, que no lo saben. Esto demuestra que son efectivamente los "amigos" quienes más ponen apodos y los que por diversas razones logran su cometido. Son éstos con los que mayor tiempo se comparte en la cotidianidad. Los familiares lo hacen por cariño. Los enemigos por razones de índole personal. En el colegio o la universidad, los condiscípulos disfrutan y comparten don el sujeto la suerte o desgracia del apodado. Si unimos estos últimos al grupo de amigos, concluimos que los que están más cerca sentimental o emocionalmente al sujeto son quienes lo mortifican o lo premian con un apodo (los amigos).

*Grafica 3 Pregunta N° 8  ¿Dónde le dicen el apodo?*

| Todas partes | 24% | 180 |
|---|---|---|
| Casa | 20% | 150 |
| Trabajo | 8% | 60 |
| Colegio universidad | 12% | 90 |
| Barrio | 36% | 270 |

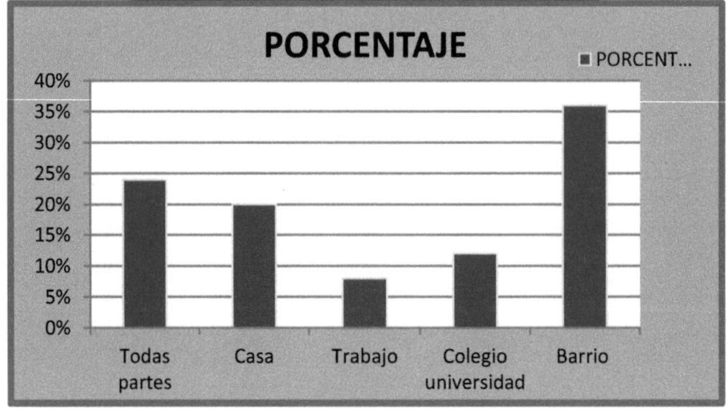


Según la gráfica, los apodos se dicen en todas partes, indirecta o directamente, al apodado. Pero es en el barrio donde con mayor frecuencia se usan. Esto muestra, al igual que en la gráfica anterior, que son los amigos de infancia o de convivencia social los que se cubren con la máscara de la amistad para decir tal o cual apodo. De igual manera, en la universidad, el colegio o el trabajo, el compañerismo permite el uso indiscriminado de éste. En la casa la situación es menor, pero en cualquier lugar donde se encuentre el sujeto, su apodo funciona como elemento evocador de la situación que lo creó. En síntesis, el apodo funciona como una cadena, que nace en cualquier lugar, momento o circunstancia, y que se mueve con el sujeto por todos los lugares.

*Grafica 4 Pregunta N°10  ¿Le gusta el apodo?*

| Indiferente | 13% | 97,5 |
|---|---|---|
| No | 21% | 157,5 |
| Si | 66% | 495 |

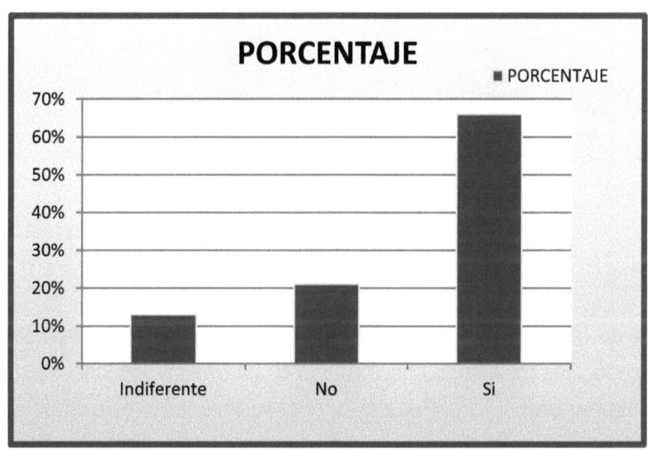


De la gráfica se infiere que a los informantes (hombres y mujeres), en un buen número (66%), les gusta el apodo; sólo al 21% no le gusta, y al 13% le es indiferente. Se observa entonces, que los hablantes tumaqueños disfrutan de su apodo, son felices o se acostumbraron a él. Esto permite, seguramente, el uso de éste, sin restricción, en la cotidianidad. Claro está que la gran mayoría de los apodos de la muestra son suaves o benévolos con los sujetos, que los llevan, pues los hay también crueles o sarcásticos, que humillan o ridiculizan

*Grafica 6 Pregunta N°13 Parentesco con el encuestador*

| Familiar | 13% | 97,5 |
|---|---|---|
| Desconocido | 20% | 150 |
| Amigo conocido | 67% | 502,5 |

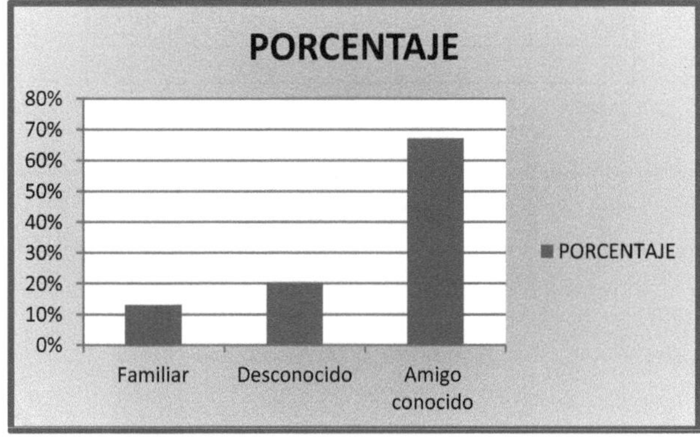


El análisis de la gráfica permite establecer que los encuestadores utilizaron a sus amigos o conocidos (colegio, barrio, trabajo.) en un 67%, a desconocidos en un 20% y el núcleo familiar en un 13%. Pues bien, el conocimiento y relación de éstos con los informantes hizo un poco más fácil la consecución de la información. Esto demuestra, una vez más, que el contacto con las personas dentro del grupo social facilita el conocimiento de las mismas o por lo menos permite llegar con más facilidad a los miembros para obtener este tipo de información.

| Comuna N° 1 | 10% | 75 |
|---|---|---|
| Comuna N° 2 | 10% | 75 |
| Comuna N° 3 | 20% | 150 |
| Comuna N° 4 | 26% | 195 |
| Comuna N° 5 | 34% | 255 |

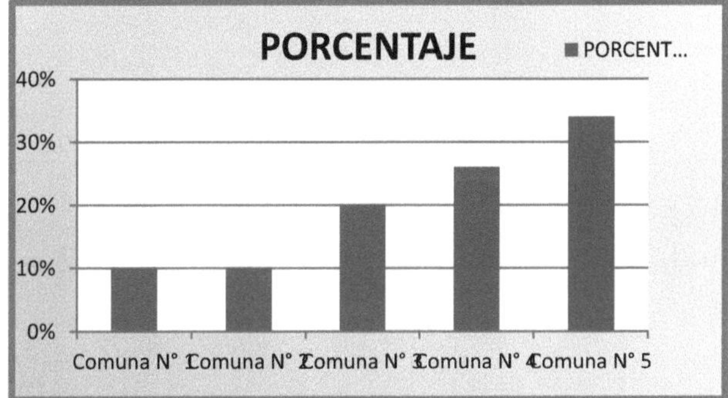


En la gráfica se observa que los sujetos encuestados viven en los distintos puntos cardinales de la ciudad capital del municipio. La gran mayoría de éstos tiene su domicilio en la Comuna 5 (34%); el 26 %, en la Comuna 4; el 20% en la Comuna 3; el 10% en la Comuna 2; el 10% en la Comuna 1. En este último el grupo que menor información aportó a la muestra. En la Comuna 2, aun siendo un sector comercial y complejo, se encuestó a la misma cantidad que en la 1.

| | | |
|---|---|---|
| GrupoI (12  a 33 años) | 86% | 90% |
| GrupoII (34  a 57 años) | 13% | 4% |
| GrupoIII (58 o más) | 1% | 6% |

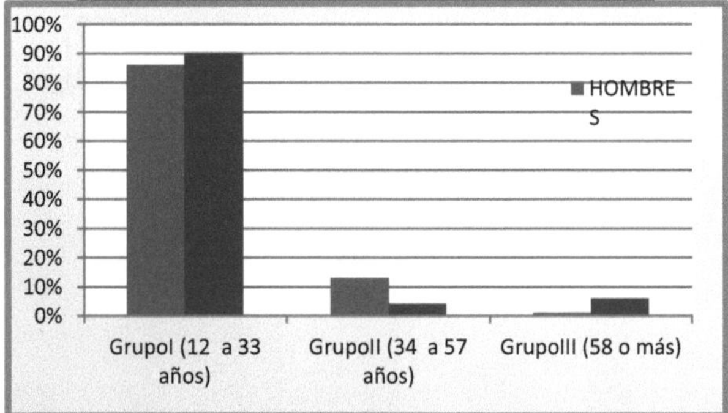


Los informantes de esta gran muestra son hombres y mujeres, con edades entre los 15 y los 80 años, divididos en tres grupos generacionales, así:

| |
|---|
| GrupoI (12  a 33 años): Hombres 86% - Mujeres 90% |
| GrupoII (34  a 57 años): Hombres13% - Mujeres 4% |
| GrupoIII (58 o más): Hombres 1% - Mujeres 6% |

## CONSIDERACIONES FINALES

El apodo es un signo lingüístico motivado, muy expresivo, y como tal tiene significados connotativo, pues comunica sólo lo que se refiere al enunciado. Expresa sentimientos, actitudes, estados de ánimo del hablante ante el referente o el oyente, unido a las circunstancias en que se produce. Está teñido de cierta coloración emotiva, festiva, humorística, sarcástica o grosera que le imprime el hablante creador o recreador del signo.

En su función, el apodo como signo lingüístico (lexema) deja de lado su sentido denotativo o factor objetivo, para dar paso a los rasgos semánticos pertinentes y contratantes que evocan las características más estables, sobresalientes y genéricas del objeto, sujeto o realidad que se compara. Así el apodo engloba o conceptualiza características reales o supuestas del referente, cualidades de los objetos y de las acciones, el quehacer cotidiano, fenómenos culturales, ideológicos, sociales, etc. Esto lo hace actual, útil, constante y, en muchos casos, perpetuo, a través de las generaciones.

Por su uso y aceptación se desgasta, pierde su función de excitar y deleitar, se borra lo que Le Gern denominó "la imagen asociada", se desemantiza, o como dijera Ullmann (1965, pág. 156) al referirse a la pérdida del significado emotivo de las palabras, sufre "la ley de los retornos decrecientes"; pierde o desaparece de él ese sentido connotativo y empieza sólo a denotar, convertido en un signo común y corriente, sin restricción alguna incorporado al uso como signo de identificación de  x o y sujeto. Pero cuando esto sucede, el apodador intenta para el sujeto un nuevo apodo, término expresivo que seguramente, con habilidad pasmosa, vuelve a recrear o crear, según el caso; pues cuando el apodo se "envejece" o el apodador siente que éste no tiene verdadero sentido, crea uno nuevo con el que satisface su necesidad expresiva.

En diversas situaciones de habla, el usuario exterioriza a través del apodo la carga de represión sociológica que guarda, sufre o siente por lo demás. Su utilización, por parte del hablante, tiene una finalidad: provocar en el apodado una determinada reacción, positiva o negativa, y, en el mismo, un desahogo de sus pasiones. Como dijera el padre Félix Restrepo en El alma de las palabras (1974, pág. 26) se logra "violentar el sentido de las palabras para que éstas signifiquen todo lo contrario de lo que dicen [...], en ellas se observa el rencor, la ira comprimida, la indignación, el desdén o el sarcasmo.

El hablante, en muchos casos, para no herir susceptibilidades o simplemente para no decir directamente el apodo, utiliza el eufemismo como instrumento suavizador o emplea rodeos, circunloquios, perífrasis, hasta llegar a la mente de los demás con imágenes que configuran o dan forma al apodo (es mucho más complejo, requiere mayor concentración y rapidez mental, pero el usuario es muy hábil), evitando así palabras crudas, vulgares o de poco gusto, con las cuales seguramente hiere o satiriza. Aquí la intención no es el sarcasmo sino el humor, la hilaridad; por ello se elude la referencia directa u objetiva.

La expresión directa del apodo, al apodado, se evita frente a él, lo que permite que el apodo tenga ese sentimiento de humor y complicidad, sentimiento que lo hace eficaz en su intención y pervivencia dentro del grupo. El hablante se oculta de alguna manera para expresar el apodo, pues lo importante para él es lograr su objetivo y burlarse de los demás.

De acuerdo con lo anterior, el apodo, en su uso, refleja el sentimiento de consideración del grupo social (llámese respeto, miedo, temor, prudencia o delicadeza por el otro), pues casi nunca se le dice de frente al sujeto tal o cual apodo, excepto en situaciones familiares, coloquiales o violentas, que en algunos casos desata la ira del apodado y su utilización termina en tragedia. Por esto, el apodo, se lleva hasta la muerte súbita o natural, es decir, vive y muere con el apodado, y aún más, después de muerto se le recuerda por su apodo. El apodado, infortunadamente, es el último en saber que tiene un apodo, y de ahí en adelante sufre eternamente, condenado a la burla o es el hazmerreír de todos.

El análisis de la muestra indica que el uso del apodo tiene sus grados de preferencia. Van desde los que se expresan con mayor frecuencia, hasta los que se utilizan con menor, mínima o casi ninguna intensidad. Unos son groseros, denigrantes, satíricos, vulgares, crudos e insultantes; otros son suaves, nobles, expresivos, jocosos o humorísticos. Estos últimos son aceptados, en buen número, por los hablantes y por los desafortunados poseedores, pues anida  en ellos un sentimiento de afecto o amistad, a pensar del defecto, cualidad, vicio, etc., que se destaca del sujeto. En los dos casos, dependen de quien lo exprese, su tono y la situación de uso. El apodo resulta noble o grosero, según el hablante y su intención.

El uso del apodo está condicionado por el grupo, el medio social, las circunstancias, la intención o deseo del o de los hablantes. Sin embargo, de acuerdo con los contextos de uso y su matiz de sentido socialmente elaborado, es bien o mal recibido, aunque sea de amplia aceptación por el grupo y en especial por el apodado, pues es un signo con ciertas restricciones.

Estos signos nacen inesperadamente (cuando menos se piensa) y empiezan su largo o corto camino deleitando a unos y confinando a otros. Unos tienen más suerte que otros, perviv3en a través de los tiempos y se transmiten de generación en generación. Otros nacen y, así como nacen, desparecen. Unos son muy restrictivos y otros de amplia difusión.

Los apodos, al igual que las palabras, adquieren dentro del grupo cierto prestigio que se traslada a su poseedor. En muchos casos, el apodo es aceptado por el apodado. Éste no lo rechaza, se siente importante dentro del grupo social al que pertenece, le gusta el apodo, lo utiliza, alardea y espera o quiere que se lo digan (en él está implícita su buena o mala reputación, esto lo llena de orgullo). Claro está, no siempre sucede lo mismo: otros por el contrario, se disgustan, pues lo consideran una afrenta o agravio, siempre están prevenidos contra esta situación que desafortunadamente debe presentarse. El apodo, entonces, funciona como incentivo para el orgullo, la burla o el sarcasmo de quien (es) lo llevan. En los dos casos, llega a desplazar u olvidar el nombre y al sujeto se le conoce más por su apodo que por el nombre propio.

Lo anterior lleva al hablante a enojosos equívocos, pues, como no se conoce el nombre del sujeto, el ingenuo hablante utiliza el apodo creyendo que es el verdadero nombre, creando un verdadero lío. El hablante no sabe de tal o cual apodo y, frente al apodado, nombra de pronto el objeto o referente de éste y resulta intrincado en situaciones inesperadas, pero que, por lo insólito e ingenuo del hecho, afortunadamente produce risa y se acepta. El apodo así resulta muy gracioso, pues no hay intención de humillar, herir ni ofender; por el contrario, es la utilización común u corriente de un signo lingüístico.

El "prurito" de apodar no es nuevo, existe de tiempos inmemoriales y se ha dado en todos los pueblos y distintas culturas (macedónica, babilónica, asiria, romana, Edad Media, Renacimiento, en reyes, monarcas, santos), en los tiempos modernos y en especial en nuestro contexto, desde el más humilde hasta el más encopetado: el presidente, las altas dignidades eclesiásticas o civiles, artistas, prostitutas, delincuentes, trabajadores en sus distintas profesiones u oficios, desocupados, etc., reciben un apodo. En verdad no hay nuevo en él. Ahora se forman de la misma manera que en los tiempos pasados. Sólo han cambiado las circunstancias, los objetos, las instituciones y las intenciones del creador, que son cambiantes e impredecibles. De Tumaco podemos decir, en síntesis, que los apodos corresponden a situaciones y hechos reales, concretos o abstractos de la vida cotidiana, citadina, comunal o barrial de sus gentes; es el reflejo o cosmovisión del mundo objetivo o subjetivo que el hablante bogotano plasma en ese signo lingüístico.

Del acto nominador ni siquiera se escapa el apodador, pues para éste también hay apodos, a ellos se les llama: obispo, cura, sacerdote, porque con su creación bautizan a los demás (reciben nombres eclesiásticos que tienen que ver con esos menesteres). Apodos que no coloca el apodado (quien ha sufrido la angustia de este acto de habla) porque seguramente éste, ofendido por aquél, llamaría a su ofensor: víbora, serpiente, hijueputa, perro, guillotina, vampiro, bellaco, murciélago, etc. La experiencia muestra que el apodador es feliz apodando, pero es infeliz cuando le toca su turno de recibir uno, se siente picado en su amor propio por una horrorosa serpiente de colmillos más grandes y agudos, se molesta, tal vez más, pues siente la angustia y la desazón de convertirse en el hazmerreír de todos aquéllos con quienes, otrora, compartía ávido y alegre la infelicidad de otro u otros, gracias a esa, su desagradable **"musaraña" o "mojiganga",** que encierra toda la perversión irreverente y la pasión enfermiza del espíritu humano.

En la creación y marca del apodo hay como un juego de azar, que favorece a unos pocos y desfavorece a muchos otros. El favorecido lo lleva con hidalguía, orgullo, altivez, lo pronuncia ante otro u otros, conocidos o desconocidos, le gusta que se lo digan, busca que ojalá todos lo reconozcan por éste, se usa como saludo o fórmula de tratamiento, es formal e informal; mientras que el otro sufre eternamente la humillación, la crueldad e ironía de un acto lingüístico desafortunado, realizado, seguramente, por uno de sus "mejores amigos" o familiares". Mientras unos gozan, otros sufren, pero el apodo mantiene viva su función.

Las personas o padres de familia que saben, conocen o tienen conciencia lingüística, sobre la afectación, marca o "estigma" del apodo en el apodado, procuran evitar por todos los medios que el niño o hijo desde pequeño reciba de alguien (familiar, amigo, compañerito de juego en la escuela, colegio, barrio, cuchos, calle, esquinas) un apodo que lo marque de por vida. Si esto ocurre, reprende duramente a los niños para evitar que el apodo se apodere de su pequeña y frágil humanidad, pero sucede que, por la malicia, la maldad y aquello de que "lo prohibido es lo más apetecido", el apodo empieza su loca carrera y prevalece, derrotando la intención bondadosa y justa de ese padre que a toda costa quiso evitar que su hijo fuera apodado. El apodo, luego de colocado, supera cualquiera barrera que se oponga a su libre campear hacia la máxima expresividad, en el mundo de los mortales. Hay apodos aplicados a los sujetos en su juventud y soltería que luego de casados a sus hijos propagándose a través de generaciones.

Algunas personas se sienten felices de tener ese apodo (tener un apodo), ya que éste las caracteriza, las identifica, las diferencia, etc., y no les resulta desagradable como otros que hay por ahí. Es decir, dan gracias al cielo de haber recibido ese apodo, mejor así, y no de otra manera; lo aceptan amablemente.

Así, en cada grupo social el apodo funciona como sinónimo de respeto, distinción social, en un mismo nombre. También hay familias o grupos familiares marcados por un apodo que lo identifica o caracteriza grupal e individualmente. De la misma manera, hay apodos que no corresponden al motivo que presumiblemente los creo, ni corresponden a las características del sujeto apodado; son el resultado de las más extrañas, exóticas e inverosímiles ocurrencias del acto comunicativo (no hay ninguna relación entre sujeto y objeto, pues la elección del término es secundaria a la intención: colocar un apodo), que marcan personas o familias para toda la vida.

Hay apodos que por su constante uso se convierten en elementos comunes de habla efectiva o cotidiana, pierden su coloración o intención inicial, pasan de un medio restrictivo al uso común, pierden su capacidad evocadora, convirtiéndose en un elemento indispensable de nuestro vocabulario. De aquí que muchos apodos pasan de generación en generación y se usan en la actualidad sin el sentimiento evocador que los produjo. Se vuelven, en otros casos, elementos identificadores de gran nivel social, que enorgullecen a quienes los llevan.

A un mismo sujeto le puede corresponder más un apodo (cuando esto sucede uno de los dos pierde terreno en el uso y termina derrotado), y a un mismo apodo dos o más características. En cada uno de los apodos hay un conjunto de rasgos mínimos nocionales que el apodador, en virtud de su capacidad de pensamiento, ha logrado abstraer de la realidad. Por esto, es obvio que en muchos casos un apodo no tenga un significado único, pues tiene, a partir de su creación y motivación, varias acepciones. El hablante selecciona hábilmente, entre las distintas características del referente, los elementos que les son comunes, tanto al sujeto como al objeto, desprendiéndose de esta relación el acto nominador.

La creación léxica del apodo no se da ex nihilo: ésta obedece a necesidades comunicativas, determinadas por el conocimiento de la realidad comparada, acompañada de reglas, moldes o esquemas que determinan y posibilitan el acto de creación lingüística. Pues en muchos casos, éstos nacen en el seno del grupo como elemento de burla o de charla, o como función fáctica del discurso comunicativo. De ahí que éstos se crean y recrean constantemente. Ahora bien, dentro de la dinámica de los signos lingüísticos, los apodos, se enriquecen constantemente y con el uso se cargan de nuevos significados, gracias a que los hablantes integran en ellos nuevas experiencias cognoscitivas.  La presencia del apodado evoca, en la mente de la persona, la imagen de lo que éste representa. El medio, o el mundo mismo, le sirven al hablante para los actos de recreación en los que intervienen los sentimientos para la transformación cualitativa del entorno.

Los apodos constituyen un inventario léxico abierto, a veces muy difícil de clasificar o sintetizar; por esto aquí se presentaron varias clasificaciones (por su carga semántica, rasgos o semas motivantes, intención del apodador, mecanismos gramaticales o semánticos), que se acercan lo más fielmente posible al proceso de creación en el habla tumaqueña. Pues, para que un apodo pueda ser reconocido como tal, necesita del conocimiento, las vivencias, los valores de los sujetos y el medio al cual hace referencia, ya que éste, en su uso, admite innumerables propósitos o puntos de vista, todos los que tenga en mente el hablante. Evoca las experiencias y el conocimiento del oyente en relación con el referente (emotivas, cognitivas, ideológicas, etc.).

Se observa, en el proceso de creación, el empleo de mecanismos normativos propios del sistema, comunes para la formación de palabras en la lengua. Así, encontramos procesos fonéticos, gramaticales, léxicos y semánticos. En lo fonético, hay imitación del sonido como "eco del sentido". En lo gramatical, además de los procedimientos normativos, el hablante, en el uso, se aleja de la norma y altera el sistema en casos como: gallino, culebrero, tigra, etc. En lo semántico son la metáfora y la metonimia el recurso. Combina, además, los procedimientos uniendo la derivación o la composición con la metáfora. Estos tipos de procedimientos abarcan la totalidad de apodos de la muestra: onomatopeyas, derivados, compuestos y expresiones figuradas.

Ahora bien, la más socorrida e importante fuente de creación, según la muestra, son la metáfora y la metonimia. Pues la comparación es el recurso más simple, productivo y eficaz en el acto creador del apodo. Mediante este recurso el signo lingüístico adquiere nuevos significados, nombra nuevos referentes. En síntesis, el apodador mediante ingeniosa habilidad compara dos realidades y establece un nombre por similitud, semejanza o contigüidad.

El apodo en diminutivo refleja la intención aminorativa de la objetividad significativa. Su valor es irónico, pero también suavizador y aceptado en la relación social de los sujetos hablantes, No indica pequeñez sino "aminoración lingüística", es un paliativo con el que se logra un trato de amistad, cariño o familiaridad. Aquí juegan papel fundamental la subjetividad del hablante y el contexto en que se use. Un apodo en diminutivo puede, en determinado caso, expresar cariño, pero en otros desprecios (contrariando la naturaleza del diminutivo), según la intención comunicativa del hablante.

La entonación, dentro de los marcadores semánticos, juega un papel importante en el contexto de uso del apodo. Aquélla es la portadora de los inicios sobre las intenciones comunicativas del hablante; es decir, suaviza o le da mayor fuerza ilocutiva al sentido, haciéndolo aceptable o no por parte del grupo o del agente portador.

El hipocorístico, utilizado como apodo, se ubica en la categoría de los diminutivos o expresiones emotivas que indican afecto o cariño. Aquí lo afectivo predomina sobre lo conceptual, realmente es la abreviación o simplificación cariñosa del nombre.

Los apodos en el habla tumaqueña se cuentan por cientos, unos de carácter citadino que corresponden a hablantes y realidades de la misma ciudad; otros, de origen dialectal o producto de los hablares regionales, a los que pertenecen por procedencia un gran número de hablantes tumaqueños. De la muestra recogida muchos son característicos y se dan en otros municipios de la Región Pacífico Nariñense y, por supuesto, en otras latitudes del departamento de Nariño, Colombia y de Hispanoamérica. Sobra decir, entonces, sin temor a equívocos, que no hay en Tumaco o fuera de este municipio, vereda, pueblo, corregimiento, inspecciones, caserío, ensenadas, ríos, grupo social, comunas, barrios grande o pequeño, en el que sus habitantes no tengan un apodo. Lo contrario es tenerlo pero no saberlo, hasta cuando a alguien se le ocurra decirlo frente a uno. Además, el grupo humano, por el hecho de vivir en comunidad, en vecindad y de acuerdo con su profesión u oficio, ocupación o no, características, etc., tiene para sus semejantes apodos que van desde los más suaves hasra los más hirientes o vulgares.

Algunos apodos reflejan la "moda" en todos los órdenes o se nutren de ella, y otros muestran en el apodador un tinte personal, característico en este tipo de creación. El hablante, a través del apodo, tiñe, pinta o colorea los signos lingüísticos, convirtiéndolos en "armas eficaces" para destacar cualidades, defectos, producir burla, hilaridad, hasta llegare al sarcasmo, ridiculizar, humillar, expresar sentimientos o excitar emociones, actitudes (cariño, amor, odio, etc.), forma sutil de violencia a través de las palabras, con las que se ensalza, golpea, maltrata, hiere o hasta se postra en loza fría al desdichado sujeto asignado con tal o cual acto lingüístico de esta naturaleza.

Finalmente, se observa que, en un buen número de apodo de esta muestra, no hay tacto, delicadeza ni genialidad. Son el producto de la espontaneidad y la ocasión, la circunstancia o la jocosidad del hablante: su intención es gozar; un apodo, así, inspira uno y otro más, con el que el grupo y su poseedor disfrutan alegre y amablemente en medio del "humorismo colectivo" y la amistad reinante. Ejemplo: a un joven que pierde un diente en una pelea lo llaman "puente roto", "desdentado" y  a partir de su desgracia vienen uno y otro apodo más ("risa loca", "risa linda", " puente largo", "fin de semana"), claro que al final sólo uno de ellos se apodera de la humanidad del sujeto artífice de la situación festiva. El éxito del apodo estriba en la utilización, el momento y la situación concreta para ello.

Queda claro, entonces, que el apodador no crea de la nada; su mérito radica en el manejo rápido y oportuno del caudal de temas o imágenes que tenga en el depósito mental. La originalidad, la picardía y el motivo son la base y el éxito de la creación.

Temas  como la política (personajes: caneca"), sucesos (chascos, situaciones embarazosas, humorísticas), acontecimientos cotidianos (amor, desamor, despecho, trabajo, rutina, antipatía, ser bueno o malo, grosero, tacaño, malgenio, caerles bien o mal a los demás, ser bondadoso, sentimental, etc.), situaciones de diálogo, utilización del discurso (muletillas, palabras, giros, expresiones, innovaciones, etc.), la situación personal (cómo es, cómo actúa, cómo reacciona, cuál es su comportamiento, forma de vestir, creencias), su profesión u oficio (desempeño en ella, posición social, cultural, etc.), defectos, vicios o cualidades, son los temas más socorridos en la creación del apodo. Éstos iluminan al apodador para su nominación.

Son pues, muy variados, disímiles e inverosímiles los temas; sin embargo, muchos de los apodos que parecen originales y naturales son simples variantes de los múltiples temas integradores del repertorio común de los hablantes tumaqueños. Estos temas, situaciones y circunstancias cotidianas se traducen en apodos. En síntesis, la intención "humorística" o "Sarcástica" favorece la creación y aplicación del apodo en el pueblo de Tumaco.

Es evidente cómo la gente de los diferentes estratos socio-económicos de las Comunas en la que está configurada territorialmente la ciudad de Tumaco utilizan ciertas palabras que están enmarcadas ante la sociedad como un lenguaje marginal, es decir un lenguaje que nace en las partes marginales. Ante esto, es apenas lógico pensar que el hablante citadino tumaqueño está en un constante contacto con otras personas que utilizan un lenguaje marginal que en muchas de las ocasiones discursivas su utilización no es correcta, sin embargo, su uso ritual y la convención que se crea alrededor del apodo es totalmente aceptada.

De esta manera, es en Tumaco en donde no importa el espacio o la situación pues se evidencia en toda clase de acto de habla una fina muestra del fenómeno que afrontamos.
- En los inicios de esta investigación consideramos que era problema de la educación, pero eso fue descartado cuando comprendimos que no son sólo la gente de capas sociales bajas y medias sino que otras  de capas sociales altas están utilizando y practicando ciertos neologismos característicos de los lenguajes marginales.

- En muchas de las ocasiones las personas de las capas sociales altas incursionan en lo que puede ser un intento por crear su propio lenguaje marginal y característico; en su uso, se nota que intentan crear neologismos que a su vez poseen algo de marginalidad, de aislamiento, pero que tienen características propias de su mundo y sus espacios.

- Se puede pensar que es por ese contacto que se establece en la calle, los cuchos (lugares reducido espacialmente), los supermercados, las esquinas, los centros comerciales, los medios de comunicación masiva, etc., en donde las personas están intercambiando sus palabras, es decir, existe una red de contacto donde la comunidad interlocutante tienen un vínculo estrecho frente a las nuevas formas de nominalización (apodos) que se evidencian en la ciudad, los hablantes independientes de su condiciones, estratos, niveles de formación, no sólo establecen esa relación sino que también se apropian de este conocimiento y lo implementan en su vida cotidiana. Algo que hace que los demás hablantes estén implementando estas formas de nombrar.

- Al establecer éstas formas de nombrar se evidencia que cada una de las capas sociales implementa palabras similares a las que en un principio fueron aprendidas. Esto es lo que determina que en muchas ocasiones se caractericen las capas sociales como lo hemos demostrado aquí. Es decir, los límites de las capas sociales entre los hablantes de las comunas se aprecian borrosos cuando el uso del lenguaje se vuelve simultáneo y aceptado entre ellos sin importar los niveles de vida, los modos de vida ni las costumbres familiares y sociales que suelen experimentar.

- Los hablantes de la ciudad de Tumaco, hacen parte funcional de medios vanguardistas como el internet. Medio que constituye un punto más de encuentro en donde todo discursivamente converge, pues la mayor parte de ellos, con mayor participación de los jóvenes, hoy están en un contacto casi continuo con un computador y es la naturaleza del internet de borrar el aquí y el ahora de la comunicación, por la cual tienen la facilidad de hacer que todo lo lingüístico (el habla) esté al alcance de todos desde su formación hasta su comprensión.

- No sólo es el internet una de las fuentes de contacto más nuevas existentes; también es posible hablar de la televisión, de la que también es posible que todos los habitantes tumaqueños interactúen con el mundo y otras comunidades ya sea cercana o distante, punto donde se implementan otro tipo de estrategias como el escuchar y memorizar, pues vemos como en muchas ocasiones las palabras se ponen de moda gracias a un protagonista de una serie de televisión.

**ANEXOS**

**ANÁLISIS E INTERPRETACIÓN CUALITATIVA Y CUANTITATIVA DE LAS MUESTRAS**

*Grafica 1 Pregunta N°6 Tiempo del apodo.*

| GRUPO | PORCENTAJE | |
|---|---|---|
| GRUPO I | 47 % | MENOS DE 5 AÑOS |
| GRUPO II | 14 % | ENTRE 5 Y 25 AÑOS |
| GRUPO III | 31 % | ENTRE 5 y 15 AÑOS |
| GRUPO IV | 8% | MÁS DE 26 AÑOS |

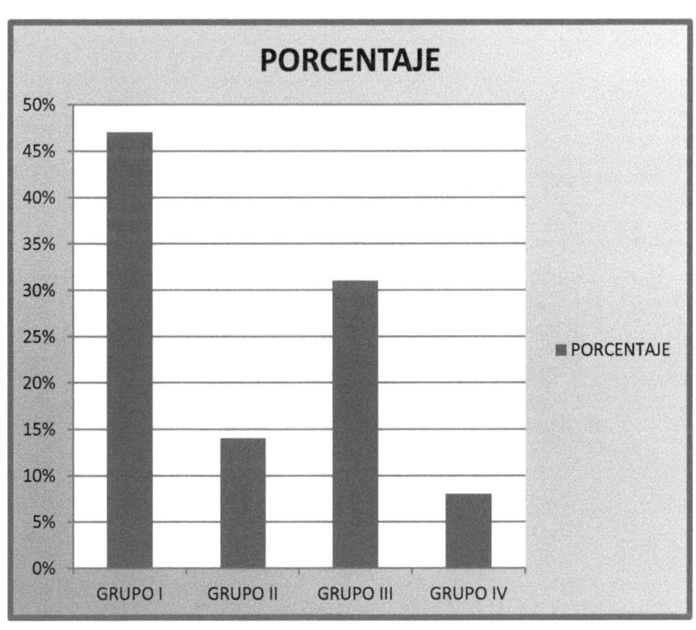

### Grafica 2 Pregunta N°7 ¿Quién le puso el apodo?

PORCENTAJE

| | | |
|---|---|---|
| Colegio Universidad | 14% | 105 |
| Trabajo | 8% | 60 |
| Enemigos | 2% | 15 |
| Familias | 28% | 210 |
| Amigos | 48% | 360 |

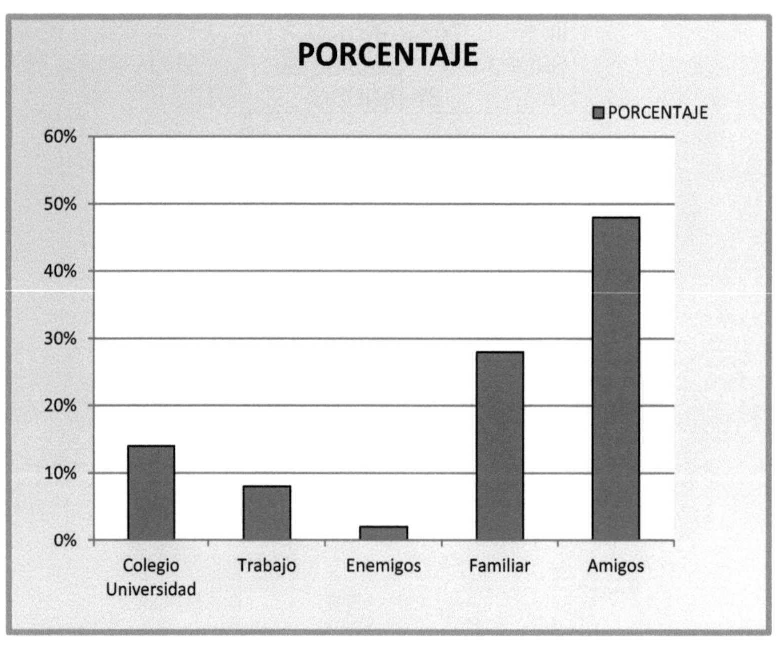

### *Grafica 3 Pregunta N°8  ¿Dónde le dicen el apodo?*

PORCENTAJE

| Todas partes | 24% | 180 |
|---|---|---|
| Casa | 20% | 150 |
| Trabajo | 8% | 60 |
| Colegio universidad | 12% | 90 |
| Barrio | 36% | 270 |

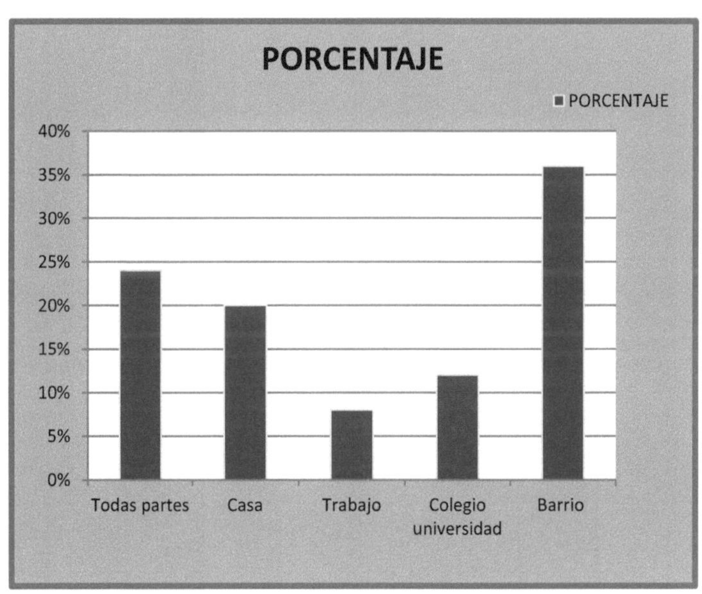

*Grafica 4 Pregunta N° 10  ¿Le gusta el apodo?*

PORCENTAJE

| | | |
|---|---|---|
| Indiferente | 13% | 97,5 |
| No | 21% | 232,5 |
| SI | 66% | 495 |

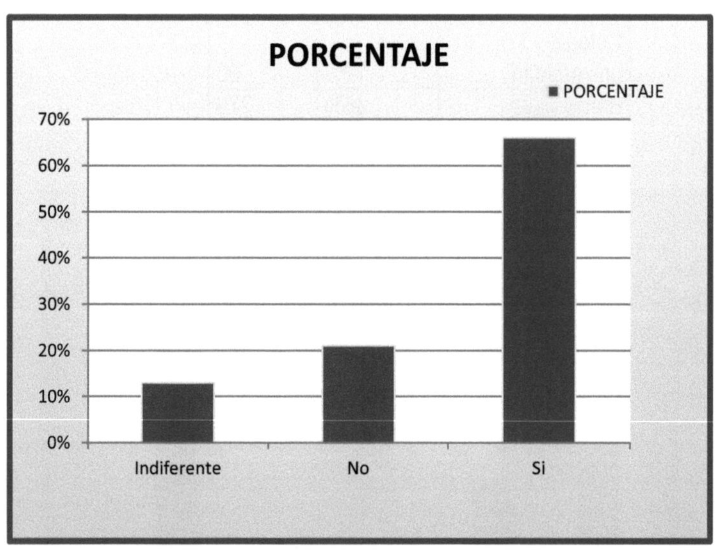

Grafica 6 Pregunta N°13 Parentesco con el encuestador

| PORCENTAJE | | |
|---|---|---|
| Familiar | 13% | 97,5 |
| Desconocido | 20% | 150 |
| Amigo conocido | 67% | 502,5 |
| | 100% | 750 |

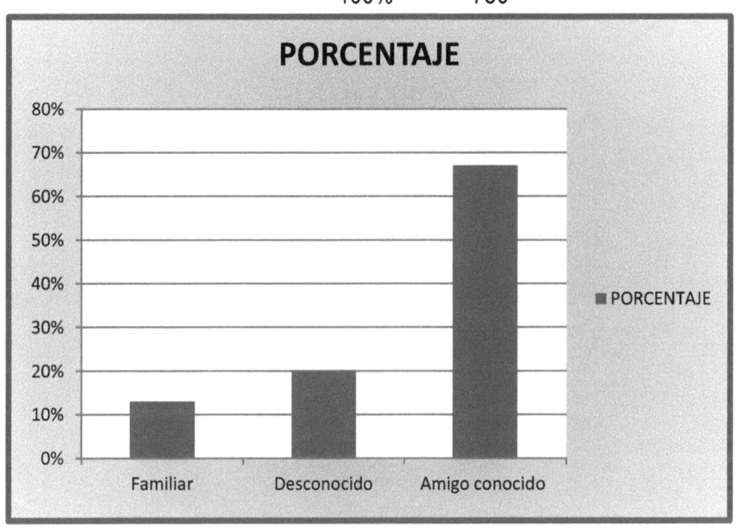

Grafica 7 Pregunta N°14  Sector donde viven los encuestados

PORCENTAJE

| Comuna N° 1 | 10% | 75 |
|---|---|---|
| Comuna N° 2 | 10% | 75 |
| Comuna N° 3 | 20% | 150 |
| Comuna N° 4 | 26% | 195 |
| Comuna N° 5 | 34% | 255 |
| | 100% | 750 |

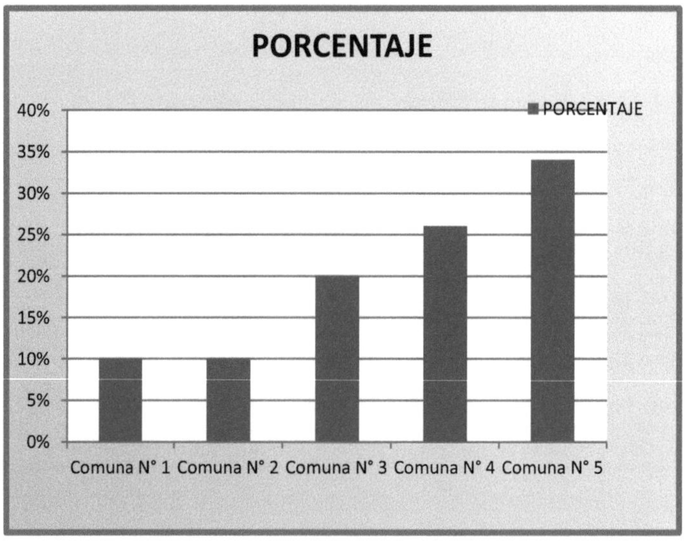

## Grafica 8 Pregunta N°15  Edad

|  | HOMBRES | MUJERES |
| --- | --- | --- |
| GrupoI (12  a 33 años) | 86% | 90% |
| GrupoII (34  a 57 años) | 13% | 4% |
| GrupoIII (58 o más) | 1% | 6% |
|  | 100% | 100% |

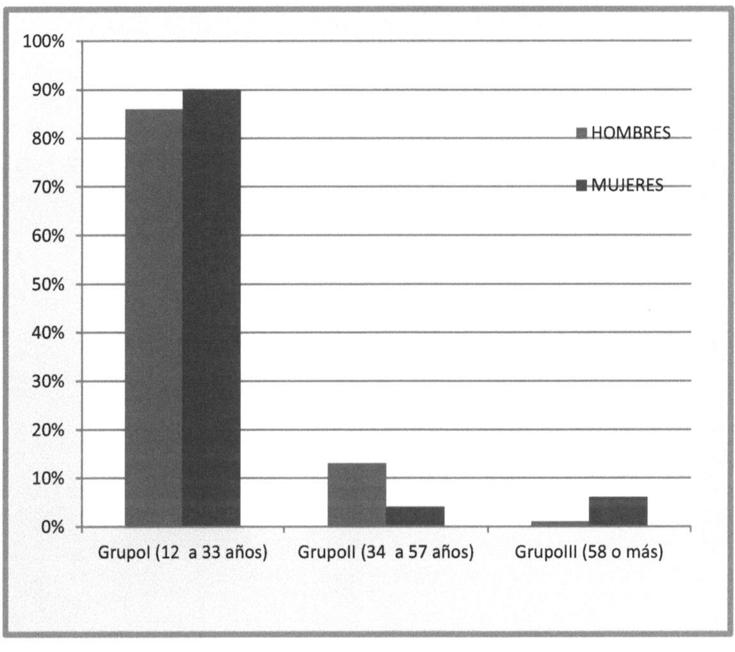

**LISTA DE APODOS**

Los apodos son una manera especial, cariñosa e, incluso, divertida de nombrar a alguien a quien quieres y con quien tienes confianza. Por eso, en una relación llena de amor y complicidad, es habitual que los miembros de pareja tengan nombres bonitos o picarones para el otro. Si quieres sacar tu lado más atrevido y sensual para sorprender a alguien a quien estás intentando conquistar, este artículo te interesará.

### Apodos para hombres guapos

Todos creemos que nuestro novio es el más guapo, pero también el más especial. Por ello, queremos ofrecerte algunos piropos originales para que puedas adaptarlos a tu hombre. Estos son los **apodos para hombres guapos** que te proponemos:

- Ojazos
- Papi
- Papito
- Ricura
- Caramelito
- Pastelito
- Cuerpazo
- Sr. Sexy
- Playboy
- Hoyuelos
- Ricitos
- Moreno
- Rubio o rubiales
- Negrito
- Perla
- Flaco o flaquito
- Bombón
- Hermoso
- Bonito
- Adonis
- Caraguapa

* Chati
* Chulo
* Boquita
* Guapo
* Fortachón
* Musculitos
* Pibón

### Apodos para hombres bonitos

Si quieres dedicarle un apodo a ese chico especial para que entienda con dulces palabras todo lo que significa para ti, a continuación, sugerimos algunos **apodos para hombres bonitos** que seguro le gustan. ¿Cuál define mejor a tu pareja?

* Bello
* Bebecito o bebé
* Lindo
* Gatito
* Vida
* Mi Rey
* Corazón
* Bollito
* Mi vida
* Mi niño
* Mi cielo
* Dulzura
* Monino
* Regalito
* Ternura
* Quesito
* Bolita
* Pollito
* Chispita

**Apodos chistosos para hombres**

Sabemos que te gusta ponerle humor y sacarle esa chispa a tu relación, por ello te proponemos algunos apodos chistosos para hombres que os servirán para ponerle picardía y gracia a vuestra relación. Lo más importante es ser original y potenciar la parte divertida y chistosa de tu hombre. Anota estos **apodos graciosos para hombres**:

- Pichón
- Pimpollo
- Petit Suisse
- Pepinillo
- Flor
- Titi
- Zarigüella
- Chatungo
- Chorbo
- Jefe
- Semental
- Misifú
- Soldado
- Pelusa
- Mofletillos
- Tiburón
- Cocodrilo
- Loquito o locuelo
- Cuchi cuchi
- Gnomo
- Pichín
- Pichurrita
- Churro
- Pocholito
- Pulguita
- Mi amol
- Mochi
- Salchichita o salchichilla
- Currupipi
- Chichipán

* Chichinabo

.

### Apodos tiernos para hombres

¿Os gusta poneros tiernos? Si la respuesta es afirmativa, seguro que ya sabes por dónde va el siguiente listado de apodos. Saca tu lado más dulce y tierno para nombrar a esa personita especial. Recuerda: a los hombres también les gusta sentirse especiales y queridos. ¿Con cuál de estos **apodos tiernos para hombres** te quedas?

* Monito
* Solete
* Enano
* Peque
* Chiqui o chiquitín
* Churri
* Peluchito o peluchín
* Cari
* Tesoro o tesorito mío
* Príncipe
* Bichito
* Cariño
* Cielo o cielito
* Amor mío
* Leoncito
* Cachorrito
* Renacuajo
* Osito
* Pajarito

### Apodos atrevidos para hombres

Si no quieres llamar a ese chico de una manera tan clásica y tradicional, echa un vistazo a los siguientes **apodos atrevidos para hombres**:

* Juguetón
* Travieso
* Delicia
* Fierecilla

- Sabrosura
- Señor
- Culete o culito
- Canijo
- Muñeco
- Mordisquitos
- Pollote
- Zorro
- Jefecito
- Tarzán
- Supermán
- Juguetito
- Peleón

En esta lista, también encontrarás los mejores **apodos sexuales para hombres**, así que, si buscas algo más picantón para animar vuestros juegos en la cama, ¡escoge de entre esta lista el más adecuado!


### Apodos para amigas bonitos y tiernos

Empezamos con algunos apodos bonitos perfectos para amigas que demostrarán la especial unión entre vosotras. Estos son algunos de nuestros favoritos:

- Bebé
- Amor
- Cielo
- Bichín
- Cuqui
- Bicho
- Beffi
- Cuca
- Peque
- Flaqui
- Gordi
- Caramelo
- Muñe (o muñequita)
- Chiqui

* Corazón
* Reina
* Linda

### Apelativos cariñosos para amigas - ¡con significado!

¿Quieres algunos apodos para amigas tiernos que sean graciosos y a la vez tengan un significado en concreto? Si este es tu caso, no te pierdas la lista que verás a continuación:

* **Hormigui**: apodo perfecto para las amigas más pequeñas y/o bajitas.
* **Aceituna**: también idóneo para amigas bajitas o pequeñas que son poquita cosa y son hermosas.
* **El terremoto**: el alma de la fiesta, un auténtico nervio que siempre está proponiendo cosas nuevas.
* **La nervio**: una variante muy similar al apodo anterior.
* **Mariposa**: a la amiga más bella y/o elegante o bien a aquella que siempre va llena de colores.
* **La loquis**: es la amiga más alocada de todas, pero sabes que sin ella nada sería lo mismo.
* **Princesa**: la amiga más delicada, aquella que os hace reír con su manera de ser.
* **Diva**: la más diva de todas, está claro. Es perfecto para aquella amiga pija que te hace reír con sus ocurrencias y su sarcasmo.
* **Sol o Solete**: perfecto para una amiga radiante y optimista; aquella que siempre os saca una sonrisa y sabe hacer de tu día uno mejor.
* **La fiesta**: ¡no se pierde ni una! a la amiga que lleva este apodo le encanta salir, pasárselo bien, beber y cantar con su grupo de amigas.
* **Osito**: este mote no puede faltar, ya que es perfecto para aquellas amigas tiernas y dulces que siempre están a tu lado en los malos momentos.
* **Angelita o angelín**: si tienes a esa típica amiga que siempre se porta bien a los ojos de los demás pero que a solas es todo un diablo... este apodo es el más adecuado para ella.
* **Rici**: perfecto para amigas con el cabello rizado.
* **La calavera**: típico apodo para ese amigo delgado y alto.
* **Kami**: también "kamikaze", este apodo es idóneo para esa amiga alocada que se suma a cualquier fiesta y lo da todo hasta el amanecer.

### Más apodos para amigas originales y especiales

¿Te has quedado con ganas de más? No te preocupes, pues te ofrecemos algunos apodos para amigas originales y divertidos más. ¿Cuál define mejor a cada una de tus amigas?

- Rubia
- Tesoso
- Gatita
- Cachorro
- Dulzura
- Dulcita
- Cuchi
- Petardita
- Amichi
- Migaja
- Cuchi
- Vivi
- Perlita
- Mimi
- Duende
- Fresita
- Lulú
- Neni

### Apodos para amigas graciosos y originales

¿Quieres hacer reír a tus amigas a carcajadas? Si siempre estáis de broma y quieres dar con el apodo perfecto para esa amiga especial... ¡no te pierdas las siguientes propuestas!

- Adonis
- Cuchufleta
- Chochi
- Gusiluz
- Chicha
- Bebita
- Retaco
- Cosita
- Minini

- Bomboncín
- Los chupitos
- Chispita
- Mofeta
- Peluchín
- Petit-suisse
- Zombie
- Loba
- Melosa

**Apodos para mi novia que no sean cursis**

No es fácil encontrar apodos para tu novia que no sean cursis, pues actualmente existen opciones muy divertidas, pero algo vergonzosas que muchos se resisten a usar. Es por ello que desde un COMO queremos empezar con algunos **apodos de toda la vida**; disfruta de estas propuestas clásicas que hemos seleccionado para ti:

- Amor
- Cariño
- Cielo
- Mi vida
- Corazón
- Flor
- Joya
- Ángel
- Preciosa o precioso
- Tierna
- Reina
- Rey
- Tesoro
- Bonita o bonito
- Caraguapa
- Bella
- Pitufa
- Cuqui

* Peque

**Apodos graciosos para tu novio o novia**

No todo tiene que ser siempre tan serio y acaramelado; de hecho, los **apodos chistosos para parejas** son de los más populares hoy en día. Ya sea para reír, para irritar a tu pareja en broma o para dar con un apodo original, a continuación, te presentamos algunos nombres que, sin duda, se convertirán en una broma privada que solo vosotros entenderéis... ¡el cachondeo está asegurado!

* Chiquitín o chiquitina
* Churri
* Amorcín
* Churrita o churrito
* Bebito
* Tarzán
* Tigre o tigresa
* Mon cheri
* Mi cuqui
* Panzita
* Cuchufleta
* Cosita
* Canijilla
* Mofletes
* Carita guapa
* Rulitos
* Bichejo
* Pimpollo
* Gordito o gordita
* Enana
* Chuchurrumín

**Apodos para novios originales y en español**

¿Te has quedado con ganas de más apodos para tu novio en español? Si es así, te proponemos algunas **opciones muy divertidas y originales** para que compartáis en los momentos más tiernos y chistosos.

- Chorba
- Amorcito
- Conejín
- Amore mio
- Pichurri
- Chochín
- Ratita
- Mi arma
- Flaqui
- Chatungo
- Culete
- Chichi
- Calabacita
- Caramelito
- Corazón de melón
- Palomita
- Salerosa
- Fierecilla
- Piojito
- Pibón
- Chaparrita

**Apodos adorables para una amiga**
- Dulzura de mi corazón
- Princesa encantadora
- Estrella brillante
- Ángel de mi vida
- Flor radiante
- Amorcito tierno
- Perla preciosa
- Osito cariñoso

- Gatita dulce
- Luz de mi existencia
- Caramelito encantador
- Mariposa hermosa
- Reina adorable
- Tesoro inigualable
- Bella sonrisa
- Princesa de ensueño
- Rayito de sol
- Chispita de alegría
- Estrellita brillante
- Corazón lleno de amor
- Ángel de ternura
- Florcita encantadora
- Amorcito eterno
- Perla reluciente
- Osito amoroso
- Gatita mimada
- Luz de esperanza
- Caramelito dulce
- Mariposa radiante
- Reina de mi corazón
- Tesoro invaluable
- Bella amiga
- Princesa adorable
- Rayo de felicidad
- Chispa de dulzura
- Estrella resplandeciente
- Corazón lleno de ternura
- Ángel protector
- Flor hermosa
- Amorcito sincero
- Perla única

- Osito fiel
- Gatita encantadora
- Luz de mi vida
- Caramelo dulce
- Mariposa adorable
- Reina del amor
- Tesoro incomparable
- Bella joya
- Princesa soñadora

## Apodos bonitos para enamorados

- Amorcito
- Cielito
- Princesa
- Corazón
- Osito
- Bebé
- Angelito
- Mi vida
- Estrellita
- Gatito
- Mariposa
- Amor mío
- Chiquitín
- Mi tesoro
- Florcita
- Amado
- Príncipe
- Dulzura
- Querida
- Amante
- Reina

- Amorcito
- Mi cielo
- Perla
- Amor mío
- Chiquita
- Amigo
- Amoroso
- Amada
- Principito
- Lucero
- Mi sol
- Corazón de melón
- Amorcito
- Rey
- Amorcito
- Princesita
- Amorcito
- Mariposita
- Amorcito

## Apodos bonitos para el novio

- Amorcito
- Cielito
- Príncipe
- Corazón
- Osito
- Bebé
- Angelito
- Tesoro
- Amor mío
- Churrito
- Rey

- Mariposa
- Estrellita
- Pastelito
- Campeón
- Chiquitín
- Sol
- Caracolito
- Lindo
- Dulzura
- Principito
- Amante
- Chiquito
- Amiguito
- Cielo
- Chiquilín
- Perla
- Reinito
- Angelito
- Osito de peluche
- Gatito
- Bombón
- Amado
- Chiquito bello
- Corazón de melón
- Amorcito mío
- Ternura
- Champiñón
- Chiquitito
- Príncipe azul
- Angelical
- Estrellita fugaz
- Carita de ángel
- Chiquis

- Rey de mi corazón
- Amorcito lindo
- Churrito de amor
- Corazón de oro
- Chiquitín encantador
- Perla preciosa


## Apodos bonitos para la novia

- Angelito
- Princesa
- Amorcito
- Cielito
- Estrellita
- Corazón
- Mi vida
- Florcita
- Dulzura
- Reina
- Mariposa
- Osita
- Chiquitita
- Luna
- Perla
- Principesa
- Mi sol
- Amada
- Chispita
- Ángel de mi vida
- Tesoro
- Amorcita
- Gotita de miel
- Flor de mi jardín
- Amor mío
- Princesita
- Mi cielo

- Maravilla
- Dulce amor
- Estrella fugaz
- Corazón de melón
- Mi reina
- Mariposita
- Osita de peluche
- Chiquita hermosa
- Lunita
- Perla preciosa
- Princesa encantada
- Mi sol radiante
- Amor eterno
- Chispa de amor
- Ángel de amor
- Tesorito
- Amorcito lindo
- Gotita de amor
- Flor de mi vida
- Amor de mi corazón
- Mi dulce princesa
- Maravillosa
- Dulce tesoro
- Estrella brillante

# MAPA GEOPOLÍTICO DEL MUNICIPIO DE TUMACO

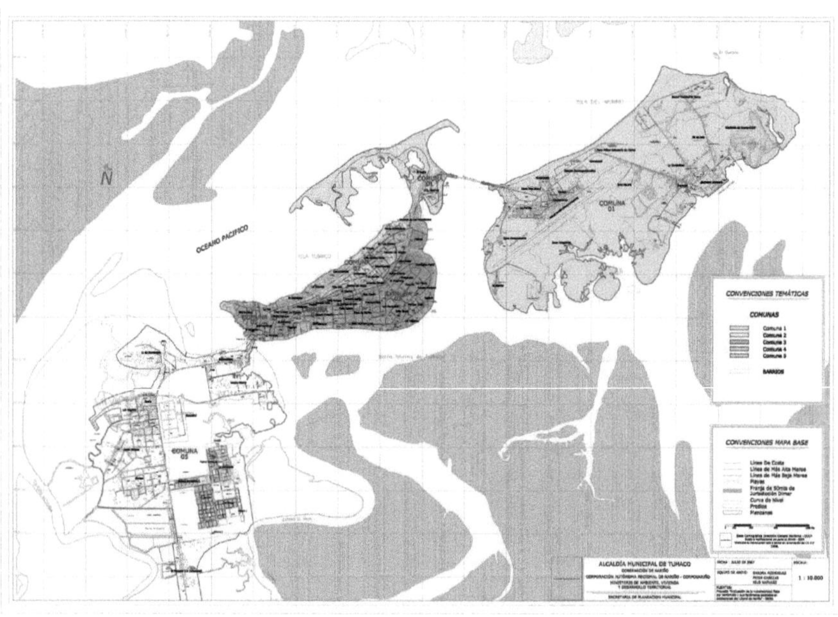

# REFERENCIAS BIBLIOGRÁFICAS

Abraham, W. (1981). *Diccionario de terminología lingüística actual.* Madrid: Gredos.

Alvar, Manuel, Manual de dialectología hispánica: el español de España, Barcelona, Ariel, 1996-

Alfonso Martán B., El negro en la poesía negra de Martán Góngora, Popayán, II Seminario sobre Cultura Negra, Universidad del cauca. 1.988.

Alfredo Vanín R., «Palabra Migratoria y Modernidad en el Pacífico». Cartagena de Indias (Colombia). 2000.

Alicia Devalle de R. y Viviana Vega, Una escuela en y para la diversidad. Editorial Aique. Buenos Aires. 1998.

CARLOS ROSELLI P., «El Lenguaje de los Afrocolombianos y su Estudio» América Negra. Universidad Javeriana. Bogotá (Colombia). 1995.

CASTILLO DE LUCAS, A. Apodos o motes españoles, Porto, Imprenta Portuguesa, 1959.

CELA, C. J., El coleccionista de apodos, Madrid, 1947.

COSERIU, E., Introducción a la Lingüística. México, UNAM, 1983.
.-El hombre y su lenguaje: estudios de teoría y metodología lingüística, Madrid, Gredos, 1985.

DÍEZ BARRIO, Germán (1995), *Motes y apodos,* Valladolid, Ed. Castilla.

GARCÍA AGUSTÍN, Ó. (2010), *El discurso e institucionalización. Un enfoque sobre el cambio social y lingüístico*, Logroño, Universidad de La Rioja.

GONZÁLEZ YANES, María Dolores Emma, *Viejos apodos populares. Un estudio sobre las modificaciones introducidas en el lenguaje por la afectividad,* La Laguna, Universidad
de La Laguna: Facultad de Filología, Curso: 1993/94. (Tesis inédita).

HORTENSIA ALAIX DE V., Literatura Popular: Tradición oral en la localidad de El Patía (Cauca), Santafé de Bogotá, COLCULTURA, Tercer Mundo Editores, 1.995.

Instituto Agustín Codazzi. Atlas Básico de Colombia. División de Difusión Geo gráfica. 6a. Edición. Bogotá. 1989.

LANGLE, A., Vocabulario, apodos, seudónimos, sobrenombres y hemerografía de la revolución. México, UNAM, 1966.

LE GUERN, M., La metáfora y la metonimia, Madrid, Cátedra, 1976.

LEMUS SANTAMARÍA, V., Apodos, sociedad e individuos: apodos de algunas regiones de Colombia, Tesis de grado, Seminario Andrés Bello, Bogotá, Instituto Caro y Cuervo, 1985.

LIBARDO ARRIAGA C., «La Literatura Oral: Otro Aporte de los Negros», Cátedra de Estudios Afrocolombianos: GGASA. Bogotá (Colombia) 2002.


MOLINER, M., *Diccionario de uso del español,* Madrid, Gredos, 1999.

MONTES GIRALDO, J. J. Dialectología general e hispanoamericana: orientación teórica, metodológica y bibliográfica, tercera edición, Santafé de Bogotá, CARO Y CUERVO, 1995. -Motivación y creación léxica en el español de Colombia, Bogotá, Instituto Caro y Cuervo, 1983.

RAMÍREZ MARTÍNEZ, J. (2003), *Los sobrenombres y su aprovechamiento educativo: Sobre los apodos en el Valle Medio del Iregua,* Madrid, UNED (Tesis doctoral inédita, en proceso de publicación).

RAMÍREZ MARTÍNEZ, J. (2005a), "Aprovechamiento educativo y didáctico de los apodos del Campo de Cartagena", *Revista Murciana de Antropología: I Congreso Etnográfico del Campo de Cartagena, 2003,* Murcia, Universidad de Murcia.

RAMÍREZ MARTÍNEZ, J. y RAMÍREZ GARCÍA, R. (2005b), "Los apodos: Identidad, memoria y creatividad literaria", *El Descubrimiento Pendiente de América Latina Diversidad de saberes en diálogo hacia un proyecto integrador. (Actas-Memorias del Ier. Foro Latinoamericano: Memoria e Identidad),* Montevideo, Signo Latinoamericano - UNESCO.

REAL ACADEMIA ESPAÑOLA (1992), *Diccionario de la lengua española*. Madrid, Real Academia Española.


SÁNCHEZ, M., "El apodo como fenómeno sociolingüístico en el Perú", en lenguaje y Ciencias, Universidad de Trujillo, vol. 20. Número 2, Trujillo (Perú), 1980.

SARTOR, M. "El apodo como creación semántica: ensayo de antroponimia", en Anales del Instituto de Lingüística, T. CIV, Mendoza (Argentina), 1988.

ULLMANN, S., Semántica: Introducción a la ciencia del significado, Madrid, Aguilar, 1965.

---

Manual de dialectología hispánica: el español de España, Barcelona, Ariel, 1996-

Alfonso Martán B., El negro en la poesía negra de Martán Góngora, Popayán, II Seminario sobre Cultura Negra, Universidad del cauca. 1.988.

Alfredo Vanín R., «Palabra Migratoria y Modernidad en el Pacífico». Cartagena de Indias (Colombia). 2000.

Alicia Devalle de R. y Viviana Vega, Una escuela en y para la diversidad. Editorial Aique. Buenos Aires. 1998.

CARLOS ROSELLI P., «El Lenguaje de los Afrocolombianos y su Estudio» América Negra. Universidad Javeriana. Bogotá (Colombia). 1995.

CASTILLO DE LUCAS, A. Apodos o motes españoles, Porto, Imprenta Portuguesa, 1959.

CELA, C. J., El coleccionista de apodos, Madrid, 1947.

COSERIU, E., Introducción a la Lingüística. México, UNAM, 1983.
.-El hombre y su lenguaje: estudios de teoría y metodología lingüística, Madrid, Gredos, 1985.

HORTENSIA ALAIX DE V., Literatura Popular: Tradición oral en la localidad de El Patía (Cauca), Santafé de Bogotá, COLCULTURA, Tercer Mundo Editores, 1.995.

Instituto Agustín Codazzi. Atlas Básico de Colombia. División de Difusión Geo gráfica. 6a. Edición. Bogotá. 1989.

LANGLE, A., Vocabulario, apodos, seudónimos, sobrenombres y hemerografía de la revolución. México, UNAM, 1966.

LE GUERN, M., La metáfora y la metonimia, Madrid, Cátedra, 1976.

LEMUS SANTAMARÍA, V., Apodos, sociedad e individuos: apodos de algunas regiones de Colombia, Tesis de grado, Seminario Andrés Bello, Bogotá, Instituto Caro y Cuervo, 1985.

LIBARDO ARRIAGA C., «La Literatura Oral: Otro Aporte de los Negros», Cátedra de Estudios Afrocolombianos: GGASA. Bogotá (Colombia). 2002.

MONTES GIRALDO, J. J. Dialectología general e hispanoamericana: orientación teórica, metodológica y bibliográfica, tercera edición, Santafé de Bogotá, CARO Y CUERVO, 1995.
-Motivación y creación léxica en el español de Colombia, Bogotá, Instituto Caro y Cuervo, 1983.

SÁNCHEZ, M., "El apodo como fenómeno sociolingüístico en el Perú", en lenguaje y Ciencias, Universidad de Trujillo, vol. 20. Número 2, Trujillo (Perú), 1980.

SARTOR, M. "El apodo como creación semántica: ensayo de antroponimia", en Anales del Instituto de Lingüística, T. CIV, Mendoza (Argentina), 1988.

ULLMANN, S., Semántica: Introducción a la ciencia del significado, Madrid, Aguilar, 1965.

https://reportedelectura.org/apodos
https://www.bing.com/search?

# Tabla de contenido

More
Books!

info@omniscriptum.com
www.omniscriptum.com
OMNIScriptum

Printed by Books on Demand GmbH, Norderstedt / Germany